鳥の体の各部の名称

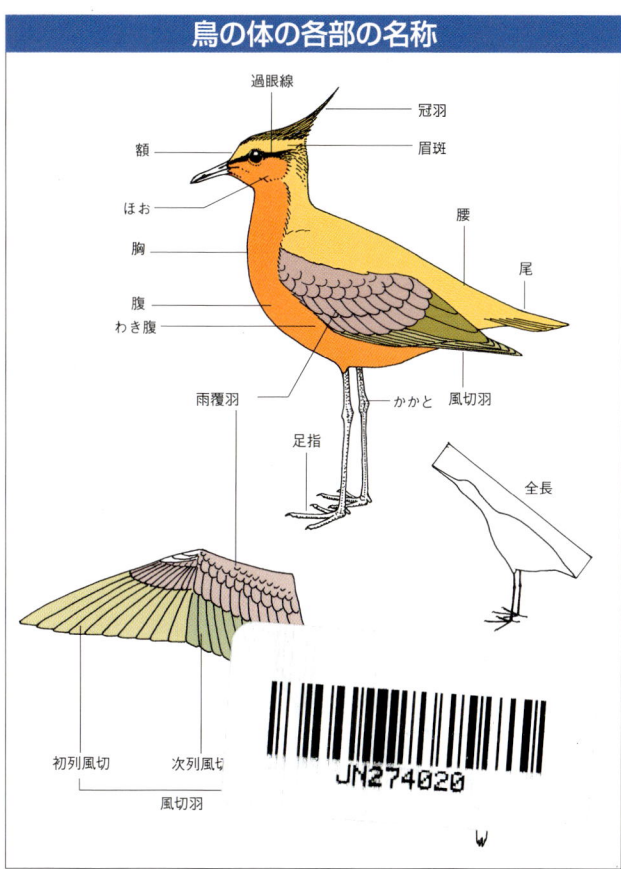

- ●**風切羽（かざきりばね）**：体に生える羽毛（体羽）より軸が長く、しっかりしています。**初列風切**は羽ばたいて前進、**次列風切**は浮かぶ、**三列風切**は翼と胴体にすき間をつくらないといった役割があります。
- ●**雨覆羽（あまおおいばね）**：風切羽の基部をおおうように並び、翼の断面を流線型にしています。翼の裏には下雨覆（しもあまおおい）が生えています。上の図の白い部分の羽毛は小翼羽（しょうよくう）と呼ばれ、飛行の安定に役立つとの説があります。
- ●**尾**：尾羽は風切羽と同じように軸が長くしっかりしています。飛行中の方向転換やブレーキに使われます。
- ●**冠羽（かんう）**：頭の上や後方で目立つ羽毛のこと。種によってさまざまな形があります。
- ●**眉斑（びはん）**：目の上にある眉のような模様（まゆ線とも呼ばれます）。
- ●**過眼線（かがんせん）**：くちばしの付け根から目を通って後方に至る模様。

野鳥観察ハンディ図鑑
新・水辺の鳥 改訂版 ——————— 目　次

図版と解説の記号など ● みかえしページ（表紙内側）
鳥の体の各部の名称 ●1
はじめに ●3
この本の使い方 ●4
水辺の鳥に親しむ ●5
いつどこに行ったらいいか ●6
用　語 ●8

■なかまの見わけ方と基本種

泳いでいる鳥 ●10
歩いている鳥 ●12
飛んでいる鳥 ●14

■水辺の小鳥

河川・湖沼・水田・海岸　セキレイのなかま、カワセミ、ほか ●16
ヨシ原　ヨシキリ、ホオジロのなかま、ほか ●18

■泳いでいる鳥

カルガモ大以下　淡水ガモのなかま ●20
カルガモ大　淡水ガモ・ツクシガモのなかま ●22
カルガモ大以下　潜水ガモのなかま ●24
カルガモ大前後　アイサ、ウミスズメのなかま ●26
カルガモ大以上　ガン・ハクチョウのなかま ●28
カルガモ大前後　カイツブリ、アビ、ウのなかま ●30

■歩いている鳥

スズメ大〜ハト大　チドリなどのなかま ●32
ムクドリ大以下　シギのなかま ●34
ムクドリ大以上　シギなどのなかま ●36
ハト大以上　シギなどのなかま ●38
ハト大〜カラス大　サギのなかま ●40
カラス大以上　サギのなかま ●42
　　　　　　　コウノトリ、トキ、ツル・クイナのなかま ●44

■飛んでいる鳥

ムクドリ大〜カラス大　アジサシ・カモメのなかま ●46
カラス大以上　カモメ、ミズナギドリのなかま ●48
カラス大以上　ハヤブサ、タカなどのなかま ●50

放鳥された種・野生化した飼い鳥・外来種 ●52
フィールドマナー ●53
野鳥の保護に関係する主な法律や条約 ●54
国・都道府県の鳥 ●56
索　引（さくいん）●57
分類表 ●63
探鳥会にいってみましょう、日本野鳥の会について ●64

〈はじめに〉

　バードウォッチングは、自然のなかであるがままの野鳥に親しむ趣味。野鳥をおどかさない、彼らのすみかである自然を荒らさないなどの配慮(53P)は欠かせませんが、楽しみ方は自由、さまざまです。ただ、見つけたり、見分けたりするには慣れが必要なので、続けることをおすすめします。次第に季節や環境によって「この時期、ここにはこんな鳥がいるはず」と、見当がつくようになるものです。

さまざまなドラマ

　野生の命は生存率が低いので、私たちが出会うのは生きのびた一部ですが、たとえ一羽でも生き残るにはたくさんの生物が食物となります。命あふれるこの奇跡の惑星では、自然は単なる景色ではなく、生物のすみかですから、生まれて死にいたるさまざまなドラマがくり広げられていることでしょう。野鳥の世界では、天敵がいても悪天候があっても、雄のラブソングや求愛、雌の選択、交尾、巣作りや子育てが毎年くり返されています。夏以後も子別れ、渡りや移動、冬越し・・・とサバイバルの日々が続くのです。

地球、鳥、ヒトの歴史

　46億年といわれる地球の歴史…、海で生まれた命が5億年ほど前に背骨を持った魚類となり、やがて手足を持った両生類、一生を陸で過ごすは虫類が生まれます。恐竜の時代の後、鳥類とほ乳類が栄え、ほ乳類の一部がサル、その一部がヒトに至り、1万年前に耕作や牧畜を始めました。私たちは命の歴史の中で生まれ、さまざまな生物を利用して、今日の繁栄を築いたのです。

野鳥も人も地球のなかま

　鳥は恒温動物で、学習能力を持ち、子育てをするという点で、私たちほ乳類と共通しています。また視覚中心、雄も子育てするなど、人と共通している部分も多く、理解しやすい生物とも言えます。
　1934年、「野におもむいて、あるがままの鳥たちを知ろう」と説いた中西悟堂が創設した日本野鳥の会は、今も自然と人との共存を目指す自然保護団体として活動しています。誰でも会員になることができ、一緒に野鳥を楽しむことができます。あるがままの野鳥を通して、あるがままを知り、あるがままを損なわないように心がけることは、生物多様性の保全にもつながるでしょう。

〈この本の使い方〉

- 常に携帯できるポケットサイズですから、気軽に持ち歩いてご活用ください。
- 全国各地で普通に見られる約300種の野鳥を『新・水辺の鳥 改訂版』『新・山野の鳥 改訂版』の2冊にわけて収録しました。
- 本書では、国内の水辺で見られる約150種と外来種などを扱い、姉妹編「新・山野の鳥 改訂版」(以下⛰)では渓流の鳥を含む約160種を紹介しています。限られた地域にしかいない鳥でも、そこに行けば見られる種は扱うようにしましたが、陸地を遠く離れないと見られない外洋の鳥、出会う可能性が少ないまれな鳥は省きました。これらの鳥を調べるには『フィールドガイド日本の野鳥 増補改訂新版』(日本野鳥の会 刊)をご参照ください。

「新・水辺の鳥」の特徴

- 本書は河川(主に中流以下)、海岸(干潟や岩礁)、湖沼の水面や水際、ヨシ原などの湿った草地や水田に出かける時に活用ください。河原の草地や低木、渓流の鳥は⛰をご覧ください。
- 水辺の鳥を「小鳥」「泳いでいる」「歩いている」「飛んでいる」の4タイプにわけ、はじめに「なかまの見わけ方と基本種」を紹介して、どのなかまかを探しやすいようにしました。基本種は、スズメ、ムクドリ、ハト、カラスとともに観察しておくと、ほかの鳥を見わけるのに役立ちます(⛰10P)。

〈図 版〉みかえしページ参照

- 見られる地域と季節が限られる鳥について、それらを示すマークを記しました。
- 雌雄、夏羽・冬羽、幼鳥・若鳥、亜種などで色彩に大きな違いがある場合は図版をのせるようにしました。
- 見わけるポイントを色の特徴を示す矢印 ⟶ と、形の特徴を示す矢印 ⟶ で示しました。
- 原則として、図版のページ内での縮尺をそろえ、右上に大きさの基準になる身近な鳥や基本種のシルエットなどを加えました(⛰10P)。

〈解説文〉

- 最も見わけやすいと思われるポイントを解説しました。細かいポイントや図版を見ればわかるポイントは省略しました。
- 解説は、なかまについての説明、種ごとの説明という順番になっています。分類については8P、学名は索引参照。
- 記号はみかえしページ、用語は8Pをご参照ください。
- 種名の前につけた□は観察記録をチェックするために使ってください。
- 世界共通の学名(ラテン語の属名と種小名からなる)は、索引にまとめました。

水辺の鳥に親しむ

1. 水辺の鳥のよいところ

　水辺の鳥は開けた環境にいて、大型で、動きのゆっくりしたものが多いので、見つけやすいし、じっくりと行動なども観察できます。また、狩猟(しゅりょう)ができない公園や都市の河川では、見られる鳥が増えています。特に、カモのなかまでは双眼鏡を使わずとも間近で見られる場合もあります。

2. 水辺の鳥の見わけ方

　水辺の鳥は体型や見られる状況から「何のなかま」かがわかりやすいもの。例えばカモやハクチョウは、水草を食べるのに都合のよいようにくちばしがひらたく、首が長めです。サギのなかまは歩きながら魚を捕るために長い足に長い首、そしてするどいくちばしを持っています。飛びながら食物を探すカモメのなかまは細長い翼でゆったりはばたきます。

　一方、シギ、カモメ、カモの雌のように、なかまの中では似た種が多く、見わけるのが難しいものもいます。コツとしては、「見わけやすいもの」「自分が気に入ったもの」に絞って覚えてゆきます。「○○カモメ」という種までわからなくても、「カモメのなかま」としておいてもよいでしょう。

3. 水辺の鳥の楽しみ方

　ここでは「何をしているのか？」を見わける参考になるイラストを紹介しておきます。

① 眠っている：鳥は羽毛で体温を保ちます。羽のないくちばしや足は羽の中に入れるようにして眠ります。

マガモ♂
マガモ♀

② 羽づくろい：鳥は腰に脂を分泌するところがあって、くちばしで羽づくろいしながら羽に塗っていきます。

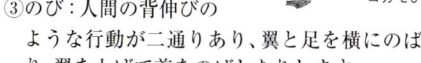
コガモ♂／♀

③ のび：人間の背伸びのような行動が二通りあり、翼と足を横にのばしたり、翼を上げて首をのばしたりします。

④ 水面での逆立ち：もぐれないカモやハクチョウは水面で逆立ちして水草を食べます。

オナガガモ♂

⑤ 同じ方向を向く群れ：風の強い日は、風上を向くようにとまります。

ユリカモメ

- **水田**：**一年中**サギのなかまが採食し、**春夏**はヒクイナ、タマシギ、ケリ、バン、カルガモなどが繁殖。**春・秋**にはシギ・チドリのなかま。**秋冬**はセキレイのなかま、タシギ、タゲリ、南西諸島ではシギ・チドリのなかまが越冬。
- **ヨシ原**：北海道では**春夏**にコヨシキリ、シマセンニュウ、オオジュリンが繁殖し、その上をチュウヒが飛ぶ。本州以南では**春夏**にオオヨシキリ、ヨシゴイ、バンなどが繁殖、**秋冬**にツリスガラ、オオジュリン、クイナ、上空にチュウヒ。
- **湖沼**：水面では**一年中**カイツブリ、オオバン、カルガモ。**秋冬**にカモのなかま。上空にはカモたちをねらうタカのなかまも。水際には**一年中**カワセミ、イソシギ、セキレイやサギのなかま、**春・秋**にシギ・チドリ。
- **河川**：広い河川敷では丈の低い草地、高い草地、疎林（そりん）などの環境ごとに小鳥の種も豊富（⓮参照）。広い水面には湖沼と同じような鳥。石の河原があると**春夏**にコチドリ、イカルチドリ、コアジサシが繁殖し、水際近くではほかに**一年中**カワセミ、イソシギ、セキレイやサギのなかま、**春・秋**にシギ・チドリのなかま（下流、特に河口に多い）。上空にはタカのなかまも。
- **海**：港では**一年中**ウミネコ、**冬**にカモメのなかまが多く、水面にはカモやウのなかま。**春夏**、砂浜や埋め立て地ではコチドリ、シロチドリ、コアジサシが繁殖。干潟には**春と夏〜秋**にシギ・チドリのなかまが群れ（南西諸島では**冬**も）、岩礁や堤防にはイソヒヨドリ、クロサギ、ウミウ。海面には**冬**に潜水ガモ類、時にウミスズメ、カイツブリ、アビのなかま。沖にはオオミズナギドリなど。大型の鳥が飛んでいれば、カモメのなかまやトビであることが多いが、ミサゴや、北日本ではオジロワシなどの可能性も。

用 語

1．生物多様性、種(しゅ)や分類について

　生物多様性国家戦略(55P)の目標に「生物多様性を社会に浸透させる」と記されていますが、地球上に何種の生物がいるのかさえ、まだよくわかっていません。今日200万種弱がわかってきましたが、未発見、未分類の生物は数千万から億の単位に及ぶと考えられます。

　類縁関係から生物のなかまをわける分類では、鳥類は**目−科−属−種**にわけられますが、分類には諸説あり、時代によっても変わります。2012年発行の日本鳥学会による『日本鳥類目録　改訂第7版』では、近年のDNAを用いた分子系統学的研究による見解も取り入れられ、従来の分類とは大きく変更されました。本書はそれに沿って改定し、さらに改定第8版(2024年)の学名の変更なども反映させました。(🔊63P)

　一般に、一つの種には共通した形態や習性があり、遺伝的に独立している(同じ種同士では子孫を残すことがきる)と定義されますが、ツル・カモ・カモメなどのなかまでは種間の交雑も見られ、種を特定できない個体もいます。また、同じ種でも地域によって大きさや色などに違いがある場合、さらに**亜種**としてわけることもありますが、野外では識別できない亜種もいます。

2．鳥の体や模様(1Pのイラスト参照)

- **スズメ大**：ほぼスズメの大きさという意味(🔊10P)。
- **上面、下面**：目と翼を結ぶ線を境として、体の上側[頭、背、腰など]と下側[のど、胸、腹、尻(しり)など]をそれぞれまとめて呼ぶ場合に使います。
- **まだら模様**：本書では、細かい斑点が多数あるような模様の意味。
- **しま模様**：本書では、まだら模様がつながってしまのように見える場合を呼びました。
- **全長**：体を仰向けに寝かせて計測した長さ(野鳥の捕獲は許可なくできません)。数値には個体差もあるので、一般的と思われるものを示しました。
- **翼開長(よくかいちょう)**：左右の翼を広げて計測した長さ。

3．鳥の生活

- **夏鳥(なつどり)**：春〜夏に見られる鳥。春に南の国から渡ってきて繁殖し、秋に去ります。
- **冬鳥(ふゆどり)**：秋〜冬に見られる鳥。北の国で繁殖した後、日本には秋に渡ってきて冬を越し(越冬)、春に去ります。
- **旅鳥(たびどり)**：春と秋の渡りの時期に見られる鳥。春に日本を北上して北の国で繁殖し、秋に南下してより南の国で越冬。ただし、これらの渡りの習性は地域によって違うこともあります。例えば、北海道で繁殖し本州以南で冬を越すオオジュリンは、北海道では夏鳥、本州以南では冬鳥になります。沖縄でのツバメ、北海道でのガン類は旅鳥になります。
- **留鳥(りゅうちょう)**：一年中同じ地域で見られる鳥。その地域で繁殖します。ただし、スズメのような留鳥でもその年に生まれた若いものは秋に長距離を移動することもあるようで、一概に移動していないとは言えません。また、比較的短い移動(秋に北から南、山から低地

など)をする鳥を**漂鳥(ひょうちょう)**と呼びますが、本書ではどんな移動をするかを解説で記すようにしました。
- **成鳥(せいちょう)**：おとなの鳥。それ以上成長によって羽の色が変わらなくなった鳥(多くは1年で成鳥となりますが、成鳥の羽色になるまでに数年を要するもの、繁殖まで数年を要するもの、成鳥の羽色になる前に繁殖するものもいます)。
- **幼鳥(ようちょう)**：こどもの鳥。小鳥の多くは、生後、夏～秋に羽が抜けかわる(第1回冬羽になる)と成鳥と似た姿になり、翌年春まで生きのびると繁殖を始めます(それで増えすぎないのは、生きのびる個体が少ないためで、繁殖できるまで何年かかる鳥の場合は、比較的生存率が高いと考えられます)。
- **若鳥(わかどり)**：幼鳥から成鳥の羽色になる途中段階の鳥。厳密な定義はなく、サギ、カモメ、タカなどのなかまで、成鳥の羽色になるまでに2～数年かかる場合に使われることが多い。
- **夏羽(なつばね)**：春～夏に、秋冬とは異なる羽になる場合の呼び方。**繁殖羽(はんしょくばね)**とも呼ばれ、冬羽より目立つようになります(冬に求愛するカモのなかまは例外。20P)。また、サギやウなどでは繁殖の一時期にからだの一部の色が変化します。本書ではこれを**婚姻色(こんいんしょく)**としました。
- **冬羽(ふゆばね)**：繁殖後(主に秋～冬)に、夏羽と異なる羽色になる場合の呼び方で、夏羽より地味になります。
- **繁殖期(はんしょくき)**：子育ての期間。日本のような北半球の温帯にすむ多くの鳥では春～夏の期間。
- **つがい**：配偶関係にある雌雄(＝ペア)。多くの小鳥やカモ類などと異なり、ガン・ハクチョウ類やツルのなかまなど、冬まで親子の関係が続き、つがい関係がその後も続くものもいます。
- **さえずり**：繁殖期に主に雄が出す声。「雌を呼ぶ」「なわばりを宣言する」という意味があります。多くは、決まった節回しを持ち、美しい声です(＝SONG。解説文中**S**)。
- **地鳴き**：さえずり以外の鳴き方。一年中、雌雄とも出し、多くはさえずりより単純な声です。警戒、群れの間のコミュニケーションなどに使われます。(＝CALL)
- **なわばり**：占有する区域。繁殖期に、つがいによって同種のほかの個体から防衛される範囲がなわばりの代表的なものですが、モズのように、冬に採食のためになわばりを防衛するものもいます(＝テリトリー)。

4. 飛び方
- **滑空(かっくう)**：グライダーのように、はばたかずに飛ぶこと。
- **帆翔(はんしょう)**：上昇気流にのって長い間滑空すること(＝ソアリング)。
- **停飛(ていひ)**：はばたきながらヘリコプターのように空中の一点にとどまること(＝停空飛翔、ホバリング)。
- **波状飛行(はじょうひこう)**：横から見ると、波を描くように上下して飛ぶこと。

なお、本書では一部の学術用語や専門用語を、日常語に改めて用いています。

なかまの見わけ方と基本種

1.泳いでいる鳥（水面に多い）
●多くは冬鳥。カイツブリ、オオバン、カルガモ、ウのなかまは例外。

①カイツブリのなかま：30P
●カイツブリはほぼ一年中見られ、小型のカモ類より小さい。
●**カモ類より胴が短く、くちばしがとがっている。**
●もぐって魚などを食べ、驚いたり逃げる時にももぐることが多い。
●陸に上がることはほとんどない。

②カモ・ガン・ハクチョウのなかま：20P以降
●**太めの体、長めの首、横に平たいくちばし**（大型のアイサ類は例外）で、さらに以下の4つにわけられる。

②-1 淡水ガモ類
（あまりもぐらないカモ）：20P～23P
●淡水に多く、水際で休むことが多い。
●**水際や水面で採食**し、深いところでは水面で逆立ちする。
●水面から直接飛び立つ。

□基本種　カルガモ◆くちばしの先だけ黄色
全国の水辺で一年中見られる（北海道では冬に少ない）。他のカモの雌に似ているが、比較的大型。腰の部分に白い三日月模様（三列風切の縁が白い）、飛ぶと腹は黒く見える。水辺の草地に巣をつくる。グェ、グェと太い声。

L61　　　　　　　　　　　　　　　　　　　　　ひな

②-2 潜水ガモ類（よくもぐるカモ）：24P
●**海に多く、もぐって採食する**（キンクロハジロ、ホシハジロは淡水にも普通）。
●淡水ガモより尻が沈んで見え、陸に上がることは少ない（陸では足の位置が尻に近い方にある）。
●助走して飛び立つ。

②-3 大型のアイサ類:26P
- くちばしはウのようにするどく、もぐって魚を食べる。
- カルガモより大きく、**胴が長い**(小型のミコアイサは例外)。

②-4 ガン・ハクチョウ類:28P
- **カルガモより大きく、首が長い。**
- 大きな声で、よく鳴き交わす。
- 群れで長距離を飛ぶ時には、列をつくる(=ウ科、ツル科)。

③ウのなかま:30P
- **体は黒く大型、首も尾も長い。**
- 体を沈めて泳ぐので、首しか見えないような感じ。
- するどいくちばしで、もぐって魚を食べる。
- 群れで長距離を飛ぶ時には、列をつくる。
- 水際で休んでいることも多く、その際、翼を広げることがある。

④その他、淡水で泳いでいる鳥:44P
- **クイナのなかま**
  オオバンはよく泳ぎ、よくもぐる(=潜水ガモ類)が、とがったくちばしで、**首を前後に動かす。**バンも泳ぐことがある。

⑤その他、海上で泳いでいる鳥
- **ウミスズメのなかま:26P**
  カルガモより小さく、冬鳥が多い。

- **カモメのなかま:14P、46P〜49P**
  泳いでいる時は胴が長く、尻が上に上がった**姿勢。**

- **アビのなかま:30P**
  カルガモより大きく、胴が長く、くちばし**は細くとがっている。**冬鳥。

- 沖では、小型のヒレアシシギ(34P)やミズナギドリのなかま(48P)が泳いでいることがある。

2.歩いている鳥（水際に多い）

●開けた水際にいる小鳥はセキレイ科、足が長めの小〜中型の鳥はシギ・チドリのなかまが多い。

①-1 シギのなかま：34P 〜 39P

- 春・秋に見られる旅鳥で、群れる鳥が多い（イソシギは一年中見られ、群れない）。
- **足やくちばしが長め**（極端に長いものもいる）。
- 頭を下げたままくちばしを差し込むようにして、水生生物を食べる。

①-2 チドリのなかま：32P 〜 33P

- ハト大以下でシギ科に似るが、くちばしは短い。
- 歩いては立ち止まって水生生物をついばむ（小型種ほど足が速い）。

②クイナのなかま：44P 〜 45P

- ハト大前後で、湿地のしげみの中を好む。
- シギ科よりずんぐりした**体型、がんじょうそうな足**。
- 走って逃げることが多いが、飛ぶと足をたらして重そうな感じ。

③サギのなかま：40P 〜 43P

- カラス大以上が多い（ヨシゴイなどはハト大）。
- **首や足が長い**（首を縮めているものもいる）。
- 長めのするどいくちばしで、魚などをとる。
- 飛ぶと首を縮める（×コウノトリ科、トキ科、ツル科）。

□基本種　コサギ◆カラス大で一年中黒いくちばし、足指が黄色。
九州から本州の林で集団で繁殖し、各地の水辺で見られる（北海道では少ない）。白いサギのなかでは小型なのでこの名がある。夏羽では、背の飾り羽が上にそる。黄色い足指と目の先が繁殖期にピンク色になる（婚姻色）。グアーとしわがれ声を出す。

なかまの見わけ方と基本種

④コウノトリ・トキのなかま：44P〜45P

- サギ科より大きく、くちばしが長く、首をのばして飛ぶ。
- 木にとまって休むことがある。

⑤ツルのなかま：44P〜45P

- サギ科より大きくて、首をのばして飛ぶ。
- 地上にいて、木にとまることはない。

⑥その他の歩いている、またはとまっている鳥

- 小鳥のなかま：16P〜19P
  スズメ大前後で、尾が長めで地上を歩いていればセキレイのなかま。磯や岩場でムクドリ大ならイソヒヨドリ。
- カモ・ガン・ハクチョウのなかま：10P、20P〜29P
  太めの体で、足は短い。

- カモメのなかま：14P、46P〜49P
  細めで横に長い胴体で、足が短い。

- ウのなかま：11P、30P〜31P
  体を立ててとまり、首と尾が長い。

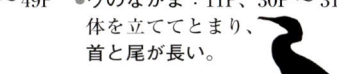

- その他、河川敷ではヒバリやキジなど、干潟ではムクドリなど、🈩で紹介した鳥が歩いていることもある。

3.飛んでいる鳥（上空に多い）

- ウミネコ以外のカモメは冬鳥が多い。
- トビ以外のタカ、ハヤブサは数が少なく、1羽でいることが多い。

①カモメのなかま
- 体も翼も細長くて、ゆっくりとはばたき、滑空もする。

①-1 カモメ類：46P〜49P
- 海辺に多く、細長い翼でゆっくりはばたき、帆翔もする。
- ハト大〜カラス大以上。
- 泳いでいる時は尻が上向きで、とまっている時は体が横に長い。

□基本種　ユリカモメ◆カラスより小さめで細く、くちばしと足が赤い。海岸の他、河川や湖沼など、最も内陸まで飛来するカモメ。夏羽は頭部が黒褐色になる。若鳥は翼の上面や尾に黒い線がある。ギューイと高くにごった声。

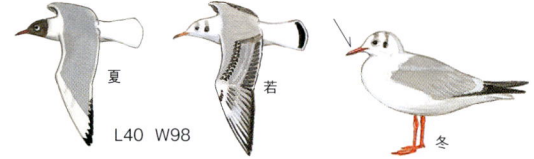

L40 W98

□基本種　ウミネコ◆夏も普通に見られる。カラス大で尾に黒い帯。全国の海岸でほぼ一年中見られる唯一のカモメ（東北以北ではオオセグロカモメも一年中見られる）。黄色い足。黄色いくちばしの先に赤と黒の模様。褐色をしたカモメ類の若鳥の中では、本種が一番濃い色。ミャーオと鳴く。日本近海で繁殖するが、世界的には限られた分布。なお、カモメ類がとまっている時に、黒い翼の先を尾と見誤りやすい点、他のカモメの若鳥が褐色から白っぽくなる段階で尾に黒い帯が見えることがある点に注意する。

L45 W127

①-2 アジサシ類：46P
- カモメ類より小型で、体も翼もより細く、燕尾が多い。

②タカやハヤブサのなかま：50P

- 浅く速いはばたきと滑空をくり返して飛ぶ。帆翔もする。
- 飛翔時、翼の先がとがって見えるのはハヤブサのなかま。
- チュウヒ類は主にヨシ原の上を、翼の両端を上げて滑空する。山野の上空で見ることが多いタカやハヤブサは🏔48P〜51P。

□ 基本種　トビ◆カラスより大きく、濃い褐色、長めの角尾（×他のタカ）。

屋久島以北の水辺から山地まで、普通に見られる。生きた動物を襲うことは少なく、魚や死んだ動物などを食べ、ゴミ捨て場にも集まる。群れをつくる、角尾（中央がへこんで見えるものもいる）、タカ科としてはゆっくりはばたく、色が濃い、ほかの鳥があまり恐れないことなどが、ほかのタカとの識別に役立つ。ピーヒョロロとよく鳴く。

L59〜69
W157〜162

③ミズナギドリのなかま：48P〜49P

- 沖の海上低くを、ほとんどはばたかずに飛んでいることが多い。
- カモメより翼が細長い。

④その他の飛んでいる鳥

- シギ・チドリのなかま：32P〜39P
  比較的小型で翼が細長く、先がとがっている。

- カモ・ガン・ハクチョウのなかま：20P〜29P
  首が長く、翼の先はとがっている。

- ウのなかま：30P〜31P
  首も尾も長い。

- サギのなかま：40P〜43P
  足が長い（長い首は縮めている）。

- トキ、コウノトリ、ツルのなかま：44P〜45P
  首と足が長い。

- その他、埋め立て地や河川ではツバメのなかま、コミミズクが飛んでいることもある。

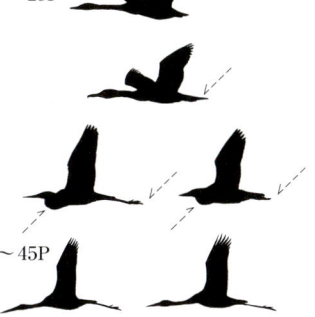

なかまの見わけ方と基本種

水辺の小鳥

河川・湖沼・水田・海岸
セキレイのなかま、カワセミ、ほか

●**スズメ目セキレイ科**：開けた地上を足早に歩き、虫を食べる。長めの尾を上下にふる。波状飛行。飛んでいる時によく鳴き、識別に役立つ。日本で繁殖するものは建造物のすき間に巣をつくることが多く、南西諸島では冬鳥(ビンズイは🏔28P)。

[C] □**タヒバリ**◆胸から腹にまだら模様。
積雪が少ない地域の河川、農耕地に飛来。スズメより細身。ピッピィーまたはチッチーなどと細い声。姿がよく似た種もいるが、まれで、声に違いがある。

□**ムネアカタヒバリ**◆タヒバリに似るが背の模様と声が違う。
主に西日本の農耕地に冬鳥、旅鳥として少数が飛来する。タヒバリより背のまだら模様がはっきりしている。チィーとメジロに似た声。

[S][C] □**セグロセキレイ**◆ジジッとにごった声。
九州以北の河川の中流、石の河原を好む。**S**:澄んだ声も交えてジーピチチロジージジなどと複雑に鳴く。日本特産種。

[C] □**ハクセキレイ**◆白いほお、澄んだ声。
広い河川、農耕地、市街地の空き地など開けた環境を好む。春夏は北日本に、秋冬は積雪のない地域に多い。飛びながらチュチュン、チュチュンと鳴く(×セグロセキレイ)ほか、チュリーなどとも鳴く。雌は雄より黒味がとぼしい。雄も冬羽の背は淡くなる。西日本には過眼線がない亜種もいる。

[S][C] □**キセキレイ**◆黄色い腹、澄んだ声。
屋久島以北の川や池ぞいの地上にすみ、秋冬には南下するものもいる。飛びながらチチン、チチンと鳴く。**S**:チチチチッと細くするどい声。

[S][C] □**ツメナガセキレイ**◆キセキレイに似るが、足が黒く、にごった声。
北海道北部の湿原で繁殖する他、主に西日本の農耕地や河川に旅鳥、または冬鳥として飛来するが、少ない。ジッジッ、ジーなどにごった声。繁殖する亜種(キマユツメナガセキレイ)夏羽の眉斑は黄色。白い眉斑の亜種、眉斑のない亜種も飛来するが、どれも冬羽は似ている。

●**スズメ目ヒタキ科**：スズメ大〜ムクドリ大、雌雄異色で、雄がよい声でさえずる種が多い。

[S][C] □**イソヒヨドリ**◆海岸の磯や堤防にすみ、ムクドリ大。
北日本では、冬に暖地に移動。市街地のビル街で見られることもある。ジョウビタキのようにおじぎをして、尾をふるわせる。ふわふわした飛び方。若い雄は雌に似るが、次第に雄成鳥の色彩が加わる。ヒッ、ヒッ、ガガッなどジョウビタキに似た声。**S**:ツッピーコーと澄んだ声(雌もさえずることがある)。

●**ブッポウソウ目カワセミ科**：くちばしが大きく、足は短い(🏔32、42P)。

[S] □**カワセミ**◆スズメ大、青い背、オレンジ色の腹。
北日本では秋冬に暖地に移動。河川や湖沼の枝や岩などにいて、水面に飛び込んで、魚をとったり水浴びをしたりする(=ヤマセミ)。土の崖に穴を掘って繁殖する。雄の下くちばしは赤い部分がない。チィーッと細くするどく鳴く。

水辺の小鳥

ヨシ原
ヨシキリ、ホオジロのなかま、ほか

●**スズメ目ツリスガラ科**:多くの種はアフリカに分布。吊り巣をつくる。

[S][C] □**ツリスガラ**◆主に西日本のヨシ原に、群れで飛来。
スズメより小さい。ヨシの茎をはがしてなかの虫を食べる。チー、チーとメジロに似た声で鳴く。

●**スズメ目セッカ科**(山)40P。草の葉をクモの糸でぬい合わせて巣をつくる。

[S] □**セッカ**◆スズメより小さく、飛びながらヒッ、ヒッと鳴く(**S**)。
本州以南のススキなどの草丈の高い草地にいるが、北日本のものは秋冬に暖地へ移動。尾はくさび型で先が白い。**S**:上昇しながら澄んだ声でヒッ、ヒッと繰り返し、下降する時にチャッ、チャッと鳴く。

●**スズメ目センニュウ科**(山)40P。ウグイス科の鳥より縦向きにとまり、尾はくさび型。

[S] □**オオセッカ**◆セッカよりわずかに大きく、茶色味が濃い。
ヨシ原や周辺の草地で見られるが、多くない。関東から東北の太平洋側や秋田県で繁殖し、冬は西日本で見られることもある。尾の先は白くない。**S**:ジュピジュピジュピとにごった早口。さえずりながら舞い上がって、おりることもある。日本と中国の一部のみで繁殖。(種)

[S] □**シマセンニュウ**◆北海道の草地、湿地に飛来。
S:チチッ、チョリチョリチョリなどと早口。さえずりながら飛び上がって下りることもある。伊豆諸島や西日本の島しょの草地には、よく似たウチヤマセンニュウが飛来。

●**スズメ目ヨシキリ科**(山)40P。ウグイス科の鳥より縦向きにとまることが多い。

[S] □**オオヨシキリ**◆スズメより大きく、にぎやかなさえずり。
九州以北のヨシ原に飛来。北海道では南部のみで少ない。**S**:ギョギョシ、ケケチケケチなど早口の大声で、長く続け、夜も鳴く。口の中は赤い。コヨシキリは北海道に多く、ヨシ原以外の乾燥した草地にもすむ。スズメより小さく、口の中は黄色。

●**スズメ目ホオジロ科**(山)16P。尾の両側は白い。近縁のユキホオジロ(ツメナガホオジロ科)は北日本の海岸に見られる冬鳥で、少ない。

[S] □**コジュリン**◆オオジュリンより小さく、腹にまだら模様がない。
本州中部と北部、九州の一部で繁殖し、秋冬は暖地に移動。高原で繁殖する地域もあるが、主にヨシ原や草地で見られる。腰は茶色(×オオジュリン)。チッと鳴く。**S**:ホオジロに似て短め。日本と中国の一部しか繁殖が知られていない。

[S][C] □**オオジュリン**◆チーィンとのばす声。
北海道と東北のヨシ原やその周辺で繁殖し、秋冬は本州以南のヨシ原に群れる。チッと小声で鳴くが、澄んだ声でチーィンと最初にアクセントがある、のばす声が特徴的。**S**:チュッ、チッチッなどと短い。

その他ヨシ原や周辺の草地で見られる鳥
一年中：スズメ、カワラヒワ、ヒバリ、ホオジロ、ベニマシコ、アリスイ、モズ科、ムクドリ、キジバト、ハシボソガラス、ウズラ、キジ　春夏：ツバメ科、カッコウ　秋冬：マヒワ、ベニヒワ、ニュウナイスズメ、カシラダカ、アオジ、ジョウビタキ、アトリ、ハギマシコ、ツグミ、コミミズク、ハヤブサ科、ハイイロチュウヒ、チュウヒ、ノスリ　春・秋：ノビタキ

泳いでいる鳥

カルガモ大以下
淡水ガモのなかま

【カモ類の見わけ方】
- ◆カイツブリやオオバンはカモ類とまちがわれやすい。
- ◆雌と夏～秋の雄は、どれも褐色で似ている。
- ◆雄は冬に求愛するため、秋以降に特徴のある色彩に変わって見わけやすくなる。なお、地味な時期の雄の羽をエクリプス(おおい隠すという意味がある)と呼ぶ。
- ◆雌は見わけられなくても、冬には同じ種の雄とつがいになることが多いので、一緒に行動している雄を見わけることで見当がつく。雌だけの場合や、エクリプスを見わけるには体型、くちばしの色の他、翼の模様(雨覆羽の色や白い模様がどのように見えるか)がポイントになる。翼の模様を見るには、飛んだ時、のびや羽づくろいで翼を広げた時がチャンス。

●**淡水ガモ類(カモ目カモ科)**:10P。多くは冬鳥だが、北海道などで一部繁殖する他、冬に水面が凍る地域では春・秋に見られる旅鳥のこともある。水草などの植物質を、もぐらないで食べることが多い(=ガン・ハクチョウ類)。水浴びなどの際にはもぐることがある。抱卵やひなの世話は地味な雌が行い、多くの小鳥のように秋にはつがいや親子の関係もなくなる(=潜水ガモ類、×ガン・ハクチョウ類)。浅い海でも見られることがある。

[s][c] □**コガモ**◆ほぼハト大で、カモのなかまでは最小。
湖沼や河川などに多数飛来し、秋早くから春遅くまで見られる(一部は北日本で繁殖)。茶色の頭に緑の帯、尻の横に黄色い三角模様。冬になると、雄が首と尾を上に反らす求愛行動が見られる。雄はピリ、ピリと笛の音のような声、雌はクェークェとカルガモより高い声。まれに飛来する亜種(アメリカコガモ)は、雄の胸に縦の白い帯がある。

□**シマアジ**◆コガモに似て、顔に白い模様。
主に春と秋に湖沼、河川、水田に少数が飛来する(北日本では一部繁殖)。雌やエクリプスでは、眉斑とくちばしの付け根の白い斑がポイント。雨覆羽の淡い灰色は飛ぶと目立つ(特に雄)。

□**トモエガモ**◆コガモよりやや大きく、雄の顔の模様が特徴的。
主に関東以西の湖沼、河川に飛来し、比較的日本海側に多い。雌やエクリプスではくちばしの付け根に白い斑。

[s] □**ヨシガモ**◆おむすび型の頭で、腰のあたりがふくらんで見える(雄)。
北海道では少数繁殖するが、多くは湖沼、河川、湾に冬鳥として飛来。ホーイと鳴く。以下、オシドリまではコガモとカルガモの中間の大きさ。

[s] □**ヒドリガモ**◆ピューと、笛の音のような強い声で鳴く(雄)。
湖沼、河川、湾に飛来。くちばしは灰色で先が黒。雌は他のカモより赤味がある。飛ぶと腹がはっきりと白い(=オシドリ)。夜もよく鳴く。

□**アメリカヒドリ**◆ヒドリガモに似るが、顔が白っぽい(雄)。
まれに飛来し、ヒドリガモの群れに混じっていることがある。声はヒドリガモに似る。

泳いでいる鳥 | カルガモ大
淡水ガモ・ツクシガモのなかま

□オシドリ◆橙(だいだい)色をした大きな三列風切(雄)。
山地の河川や湖沼を好み、近くの樹洞(じゅどう)に巣をつくる。秋冬は低地でも見られるが、広く開けた水面より林に囲まれたような場所を好む。エクリプスでも雄はくちばしが赤っぽい。ケェーとかクァッと鳴く。

□オカヨシガモ◆カルガモよりやや小さく、尻が黒い(雄)。
湖沼、河川に飛来する(北海道や関東で一部繁殖)。エクリプス終了後も雄は比較的地味な色彩で、灰色味がある。白い次列風切は飛ぶと目立つ。雌雄とも足は黄色っぽい(×マガモ)。

□ハシビロガモ◆長めで、横幅が広いくちばし。
湖沼、河川などに飛来(北海道で一部繁殖)。カルガモよりやや小さく、雄は白い胸と四角く赤茶色の腹が目立ち、雨覆羽は青味をおびて美しい。雌雄の目の色の違いはエクリプスでも変わらない。水面をぐるぐる回りながら採食していることがある。

□オナガガモ◆首や胴がほかのカモより細長い。
湖沼、河川、湾などに秋早くから飛来する。カルガモよりやや小さいが、雄の尾は冬に長くなる。白い胸(=ハシビロガモ)、白い首が目立つ。尾がのびた雄は、首と尻を上にそらして雌に求愛する。雄のくちばしの両側は灰色で、エクリプスでも変わらない。雄はコガモよりは低い声でプルッ、プルッとか、シーイン、シーインという金属的な高い声を出す。

□カルガモ◆くちばしの先だけ黄色。
全国の水辺で一年中見られる(北海道では冬に少ない)。他のカモの雌に似るが、比較的大型。腰の部分に白い三日月模様(三列風切の縁が白い)、飛ぶと、腹は黒く見える。水辺の草地に巣をつくる。グェ、グェと太い声。

□マガモ◆くちばし全体が淡い黄色(雄)。
北日本では繁殖するものもいるが、多くは冬鳥として湖沼、河川、海岸に飛来する。雌雄とも足は橙色、尾は白。エクリプスでも雄はくちばしが黄色。低い声でグヮーとかクヮッと鳴く。求愛時には笛のような声も出す。カルガモとの交雑種(カルガモの特徴を合わせ持つ)が見られることがある。

●野生化した飼い鳥:52P。マガモを家禽(かきん)として改良したのがアヒル。マガモによく似たアヒルが飼われていたり、野生化していることもある。他にもガン類を家禽化した**ガチョウ**、顔が赤い**バリケン**などが野生化している場合がある(これらは飼い鳥として改良されているため、色や模様はさまざま)。

●ツクシガモ類(カモ目カモ科):習性は淡水ガモ類に似るが、カモ類より大きくガン類よりやや小さい。カモ類ほど雌雄の色彩の違いはない。

□ツクシガモ◆主に九州の干潟に飛来。
有明海などの九州北部の干潟や西日本のため池、埋め立て地などにも飛来するが、少ない。カルガモよりやや大。冬の雄のくちばしにはこぶのような突起物がある。近縁でまれなアカツクシガモは、ほぼ全身橙色。カンムリツクシガモは絶滅したと考えられる。

泳いでいる鳥 | カルガモ大以下 潜水ガモのなかま

●**潜水ガモ類(カモ目カモ科)**：10P。ほとんど冬鳥。キンクロハジロとホシハジロ以外は海に多く、海ガモ類ともいう。ビロードキンクロ以外はカルガモより小さい中型。水面での行動がたくみで、浮かんだまま羽づくろい、頭かき、のびをする。淡水ガモ類と違い、貝や甲殻類(こうかくるい)のような動物質をよく食べる種が多い。

□**キンクロハジロ**◆黒白のツートンカラー(雄)、冠羽に黄色い目。
湖沼、河川、湾に飛来(北海道では一部繁殖)。雄は冠羽が後頭部に垂れている。雌はくちばしの付け根に白い斑があるものがいるが、スズガモの雌の斑より小さい。クビワキンクロはごくまれな冬鳥で、頭の後方が高く見え、くちばしに白斑、くちばし基部に白線が目立ち、雌の目は暗色。

□**スズガモ**◆キンクロハジロに似るが背が淡い(雄)。
湾に飛来するが、海に近い淡水域でも見られる。底が泥地の湾を好み、大群になることが多く、夏も残っているものが少数いる。雌はくちばしの付け根に白い斑。似ているアカハジロ(背が茶色)やコスズガモ(頭の上がとがって見える)、メジロガモ(小型で、雄は顔に赤味があり、目が白い)はごくまれ。

□**ホシハジロ**◆赤味のある茶色の頭、黒い胸(雄)。
湖沼や河川に飛来(北海道では一部繁殖)。雌は全身褐色で目のまわりに白っぽい線。オオホシハジロ(L55)はまれで、大きく、首やくちばしが長い。雄のくちばしが赤いアカハシハジロもまれ。

□**ホオジロガモ**◆胸から腹が白く(雄)、頭の形が特徴的。
九州以北の湾や湖沼、河口部に飛来するが、北日本に多い。雌雄とも頭の形が独特で、目は黄色、足も黄色っぽい。雄は首を後ろにそらす求愛行動をする。

□**シノリガモ**◆顔や体に白い線(雄)、顔にぼやっとした白斑3つ(雌)。
磯のある海岸に飛来し、北日本に多い(北日本の渓流で一部繁殖)。時に港内にも入る。順光で見る雄は美しいが、遠いと黒っぽく見える。

□**クロガモ**◆くちばしの基部に黄色いこぶ(雄)、ほおが白っぽい(雌)。
九州以北の海岸に飛来するが、北日本では大群で見られる。雄はピーイと口笛に似た澄んだ声。

□**コオリガモ**◆主に青森以北の海上に飛来。
海上に多いが、時に港内にも入る。雄の長い尾は海面につけていることもある。夏期の雄は首が黒くなる。アッアオナッと尻上がりに鳴く。

□**ビロードキンクロ**◆海にすむカモの中では大型。
九州以北の海上に飛来し、北日本に多い。遠いとくちばしや顔の模様まで見えないが、クロガモより大きく、くちばしや胴が長い。次列風切が白い(＝オカヨシガモ)。翼に白色部がないアラナミキンクロは北日本の海にまれに飛来し、雄はくちばし基部・目の上・後頭部に白色部がある。北日本の海ではコケワタガモ、ケワタガモ、ヒメハジロなどの記録もあるが、まれ。

泳いでいる鳥 | カルガモ大前後 アイサ、ウミスズメのなかま

●アイサ類（カモ目カモ科）：11P。魚を食べるのに適したするどいくちばし。淡水ガモ類と比べると陸に上がることは少なく、足が尻近くにあるため、飛び立ちには助走が必要（＝潜水ガモ類）。

□ミコアイサ◆パンダのような模様（雄）。
湖沼、河川、湾に飛来（北海道の湖沼で一部繁殖）。雌やエクリプスでは頭が茶色で、ほおがはっきりと白い。

□ウミアイサ◆カルガモ大で、後頭部がボサボサ頭（雌雄とも）。
海上に飛来し、海に近い河口、湖沼、港内で見ることもある。雌はカワアイサに似るが、頭の茶色と首の白の境がはっきりしない。

□カワアイサ◆カルガモより大きく、体が白く見える（雄）。
少数が北海道の湖沼や河川近くの樹洞で繁殖するが、多くは冬鳥として湖沼や河川などに飛来し、北日本に多い。雌はウミアイサに似るが、首の下がはっきり白い。まれなコウライアイサでは、雌雄ともわき腹にうろこ模様がある。

●チドリ目ウミスズメ科：11P。海上生活が中心。小〜中型（大きなものでもカルガモより小）で、もぐって魚やイカをとる。助走して飛び立つ。離島の崖で繁殖するものはその周辺の海上で見られ、秋冬に南下する。

□ウミスズメ◆小型（ムクドリ大）で、頭が大きく太った感じ。
海上に飛来し、北日本に多い（一部は北日本の島で繁殖）。くちばしは短く先が白っぽい。チッ、チッと小声で鳴く。

□カンムリウミスズメ◆ウミスズメよりくちばしが長く、夏羽には短い冠羽。
日本近海だけに分布。九州から本州の離島などで繁殖し、秋冬は北上するものがいる。繁殖地海域では冬から見られ、すでに夏羽になっている（繁殖後はすぐに冬羽になるらしい）。(大)北日本の海上には冬鳥として、くちばしが暗色をしたマダラウミスズメ、額の羽が立つエトロフウミスズメ、スズメ大のコウミスズメなども冬鳥として飛来するが、いずれも岸から遠い沖合に多い。

□ケイマフリ◆ハト大で、目のまわりが白く、足が赤。
北海道や青森の離島で繁殖し、周辺の海上で見られるが減少しているらしい。冬はやや移動し、北日本の海上で見られる。

□ウトウ◆ハト大でずんぐりした体型、くちばしが黄色っぽい。
北海道天売島や東北の離島で繁殖し、付近の海上にいる。ほかの海域では冬に南下したものが見られる。

□エトピリカ◆ハト大で、くちばしが大きく縦に平たい。
北海道東部の島で少数が繁殖し、付近の海上で見られる。北日本の海域では冬に南下してきたものが見られるが、少ない。(種)

□ウミガラス◆ハトより大きく、夏羽では胸から腹が白い。
北海道天売島で少数が繁殖し、周辺の海上で見られる。近年激減している。北日本の海では、秋冬に南下してきたものが見られるが、少ない。(種)ハシブトウミガラスは少数が冬鳥として北日本の海に飛来し、くちばしの基部に白線がある。

泳いでいる鳥 | カルガモ大以上 ガン・ハクチョウのなかま

●**ガン・ハクチョウ類(カモ目カモ科)**:11P。秋冬も家族単位(親鳥2羽と若い鳥が1〜5羽)でくらし、家族間でよく鳴き交わす。雌雄同色で雄雌共に抱卵し、ひなの世話をする(×カモ類)。群れで飛ぶ際、列をつくるので、かつて「長老がリーダーになってその先頭に立つ」と言われたが、「列をつくるのは気流の関係で飛びやすい形になるため」とか、「接触を避けるため」などの説があり、ウやツルなどほかの大型の鳥でも見られる。

□**コクガン**◆カルガモ大の黒いガン。
主に北日本の岩礁のある湾、河口などに少数飛来する。北海道では南部で越冬、東部では春・秋に通過する旅鳥。グルルルと鳴く。(天)

□**マガン**◆甲高い声で、クワッカカッとよく鳴く。
本州の水田が広がる湖沼に群れで飛来する。北海道では春・秋に通過。農耕地で落ち穂などを食べ、夕方湖沼に戻る。若鳥には、くちばしの付け根の白と腹の黒いしま模様がない。(天)一回り小さいカリガネ、ほおの白いシジュウカラガン(種)、初列風切以外が白いハクガンが混じることもあるが、まれ。なお、本州中部で見られる外来種カナダガン(飼育個体が逃げて野生化)はシジュウカラガンより大きく、首やくちばしが長い。

□**ヒシクイ**◆マガンより大きく、黒いくちばしの先に黄色い斑。
本州の水田が広がる湖沼に群れで飛来する。北海道では春・秋に通過。マガンより太いしわがれ声でグワッカッカと鳴く。より大型でくちばしが長い亜種(オオヒシクイ)を分けることもある。(天)サカツラガンは首っぽく、ハイイロガンはくちばしと足がピンク色だが、どちらも少ない。

□**コハクチョウ**◆オオハクチョウより南西で冬を越す傾向がある。
本州以南の広い湖沼や河川、海岸などに飛来。北海道では旅鳥で、ウトナイ湖北部を通過するものが多い。オオハクチョウよりやや小さく、首が太め、くちばし基部の黄色が小さい。幼鳥の飛来当初は灰色で、親のような通る声では鳴けないが、春までに次第に白さを増し、親に近い声になっていく(=オオハクチョウ)。オオハクチョウより低く、短めにコホッと鳴くことが多い。北米産の亜種(アメリカコハクチョウ)が飛来することもある。

□**オオハクチョウ**◆コォーと甲高くのばす大声で、よく鳴き交わす。
主に北海道と東北の広い湖沼や河川、海岸に飛来。春・秋は、北海道の中央から東部を通過するものが多い。くちばし基部の黄色は先の黒い部分に鋭角的に食い込む点がコハクチョウと違うが、遠いと見わけるのは難しい。コハクチョウより甲高い声。まれなナキハクチョウ(L165)はより大きく、くちばしから目先まで黒いなお、ハクチョウ類は飛び立つときに助走をし、フンはイヌのフンのように長い。

□**コブハクチョウ**◆赤味のあるくちばしで、基部に黒いこぶ。
確実な国内野生記録は最近50年間以上ないとされるが、飼育個体が野生化したものが各地の池で見られ、繁殖もしている。オオハクチョウやコハクチョウより、尾が長くとがって見える。あまり鳴かない。

泳いでいる鳥 | カルガモ大前後
カイツブリ、アビ、ウのなかま

●カイツブリ目カイツブリ科：10P。あまり飛ばないが、飛ぶとアビ科に似た姿勢。カイツブリ以外は飛ぶと翼に白い帯が見える。

□カイツブリ◆小型(ムクドリ大)で、とがったくちばし。
湖沼や流れのゆるい河川にすみ、北日本では冬に暖地に移動。ヨシなどの植物や杭(くい)を支えにして、水上に浮いたような巣をつくる。ひなにはうね模様。繁殖期にはケレケレケレ…とけたたましく鳴く。

□ハジロカイツブリ◆カイツブリより大きく、首が長め。
湖沼、海岸、河口に飛来する。冬羽はほおから目の後ろにかけて白い。くちばしはやや上にそった感じ。

□ミミカイツブリ◆ハジロカイツブリより首が白く目立つ。
海岸、河口、湖沼に少数が飛来する。冬羽はほおから首にかけて、くっきりと白い。

□アカエリカイツブリ◆カルガモに近い大きさ、首が赤茶色(夏羽)。
広い湖沼、河口、内湾などに飛来。北海道の湖沼では少数繁殖する。

□カンムリカイツブリ◆アカエリカイツブリより首が長く白く見える。
青森、茨城、滋賀の湖沼で一部繁殖するが、多くは冬鳥として広い湖沼、河口、湾などに飛来。

●アビ目アビ科：11P。もぐって魚をとる。浮いている姿勢は潜水ガモ類より胴が長く見え、カイツブリ類より首が太め。春・秋には大群になる。飛ぶと頭を下げ気味にして、短い尾から足が突き出して見える。

□アビ◆カルガモ大で、背に細かく白いまだら模様。
海上に飛来。くちばしはやや上にそった感じ。まれなハシジロアビは大きく(L89)、くちばしが太く、白っぽい。

□オオハム◆カルガモより大きく、冬羽は上面が黒っぽい。
海上に飛来。腰の下部に白色部が見えることが多い(×シロエリオオハム)。

□シロエリオオハム◆腰の下部が白く見えず、冬羽はのどに黒い線。
海上に飛来。夏羽では首の光沢がある部分に紫色を帯び(オオハムでは緑味)、オオハムより首の後ろ側が淡い。

●カツオドリ目ウ科：11P。ウ科以外のカツオドリ科やグンカンドリ科は沖にいることが多く、見る機会は少ない。

□ヒメウ◆ほかのウより小さく、首やくちばしが細い。
少数が北日本などの島や海岸の崖で繁殖し、冬は九州以北の海上や海岸の岩場で見られる。よく似たチシマウガラス(種)はくちばしが白っぽく見え、北海道東部で繁殖していたが減少。

□カワウ◆河川、湖沼、内湾の海に多い。
本州以南、特に関東、東海、近畿に多い。東北以北では夏鳥で、九州以南では冬に多い。樹上で繁殖し、採食地と往復する群れが列をつくって飛ぶ。繁殖中(関東では冬に多い)は頭部や腰に白い羽が生じる(＝ウミウ)。

□ウミウ◆カワウに似るが、岩のある外海に多い。
北日本や九州北部の島の岩場で繁殖、冬は全国の海上や海岸の岩場で見られる。背には緑色の光沢があり、くちばしの付け根の黄色い部分が、目の下方にとがっている(×カワウ)。鵜飼漁に使われている。

歩いている鳥 | スズメ大〜ハト大 チドリなどのなかま

〔シギやチドリの見わけ方〕
- ◆長距離の渡りをする旅鳥(春4〜5月、秋8〜10月)が多いが、南西諸島などでは越冬するものもいる。
- ◆よく似た種が多く見わけにくいが、まず体型や採食行動の違いから、シギのなかまかチドリのなかまかがわかる(12P)。
- ◆種まで見わけるには**大きさ、くちばしの長さと形、足の長さと色、翼を広げた時に、腰や翼のどこに白い模様が見えるか、鳴き声**などに注目。
- ◆春は冬羽から夏羽に移行中のもの、8〜9月は幼鳥がよく見られる(幼鳥と冬羽は似るが、冬羽の方が淡い)。

●**チドリ目チドリ科など**:鳥の足指は前向き3本、後ろ向き1本が普通だが、チドリ科では後ろ向き1本が退化しているものが多い。

[s][c] □**コチドリ**◆スズメ大で黄色い足、目のまわりに黄色い輪。
九州以北の河原、海岸、干拓地で夏鳥(南日本では冬を越すものもあり、南西諸島では冬鳥)。小石や砂の地上で繁殖する。冬羽は幼鳥のように淡い色になる。ピオとやさしい声で鳴き、繁殖期には、飛びながらピッピッピッと続けて鳴く。まれなハジロコチドリは飛ぶと白い翼帯が見える。

[s][c] □**イカルチドリ**◆コチドリに似るが、中〜上流の河原に多い。
九州以北の河原で繁殖し、北日本では秋冬に暖地に移動。コチドリよりやや大きく、くちばしが細長く、飛ぶと翼に薄い帯が見える。声はコチドリに似る。

[s][c] □**シロチドリ**◆足が黒っぽく、胸の黒い帯はつながらない(×コチドリ)。
海岸や河口の砂地で繁殖し、干潟などに群れる。北日本では秋冬に暖地に移動。雌夏羽は雄より淡い。ピルピルと鳴くほか、繁殖期には、ケレケレと大きな声もだす。

[c] □**メダイチドリ**◆シロチドリより大きく、くちばしが太めで短い。
主に干潟に飛来。雌夏羽は胸の赤味が淡い。小声でクリリッと鳴く。まれなオオメダイチドリはやや大きく、足の色が淡い。

[s][c] □**ムナグロ**◆ムクドリ大で、黄色味が強い。
干潟、河川、農耕地に飛来。キビョーなどと短く鳴く。

[c] □**ダイゼン**◆ムナグロより大きく、ピーウィーと尻上がりの鳴き声。
主に干潟に飛来。関東以南では冬を越すものもいる。飛ぶと腰が白く、脇の下部が黒い(×ムナグロ)。

[c] □**タゲリ**◆ハト大で、冠羽が特徴。
開けた農耕地に飛来するが、関東以西に多く本州中部では繁殖例もある。夏羽ではのども黒くなる。先が丸い翼でふわふわと飛び、白黒が鮮明で美しい。ミューとネコのような声。

[c] □**ケリ**◆ハト大で、黄色く長い足(飛ぶと尾の先を越えて出る)。
本州の水田で繁殖し、積雪のある地域では秋冬に暖地に移動。河原や干潟で見られることもある。キリッ、キリッなどとするどい声。

[c] □**ツバメチドリ**◆ムクドリより大きく、スマート。
ツバメチドリ科。西日本の干拓地などで少数が繁殖するが、ほかではまれ。

歩いている鳥 | ムクドリ大以下 シギのなかま

●**チドリ目シギ科など**：12P。近縁のタマシギ科、セイタカシギ科、ミヤコドリ科もここに含めた。ヤマシギは⛰38P。

□**トウネン**◆スズメ大で、足が黒い。
干潟や砂浜に多く飛来し、水田、河川、湖沼でも見られる。チュリと小声で鳴く。まれだが似ている鳥としてヘラシギ㊙はくちばしが横に広く、ヒメハマシギ、ヒメウズラシギは長めで先が下向き、ヨーロッパトウネンはわずかに細長く、足がやや長い。オジロトウネンは足が黄色っぽい。

□**ヒバリシギ**◆トウネンより茶色味があり、足が黄色っぽい。
水田や入り江に飛来。冬羽では茶色味がなくなる。プリリと小声。

□**イソシギ**◆尻を上下に振り、チーリーリーと細くのばす声。
全国的にほぼ一年中、干潟や水田、湖沼、河川などあらゆる水辺で見られるシギ科は本種だけで、1～2羽でいることが多い（北海道では夏鳥、沖縄では冬鳥）。スズメとムクドリの中間の大きさ。腹の白が肩先に切れ込んで見える。巣は草地につくる。

□**ハマシギ**◆くちばしがやや下を向く。夏羽は腹が黒くなる。
干潟、河川、湖沼などに飛来し、冬を越すものもいる。大群になることがある。ビリーと鳴く。まれだが似ている鳥として、サルハマシギは腰が白く、キリアイは茶色味があり、チシマシギは冬に岩礁に飛来。

□**ミユビシギ**◆トウネンに似てやや大きく、冬羽は白っぽい。
主に砂浜に飛来し、波打ち際で採食。冬を越すものもいる。夏羽は胸や上面に赤味。

□**アカエリヒレアシシギ**◆沖で泳いでいることが多い。
指にひれのようなものがある。夏羽は雌の方が鮮やかで、雄が抱卵する。干潟や河川に飛来することもある。夏羽の下面が赤褐色になるハイイロヒレアシシギはほとんど外洋にいて、陸地ではまれ。

□**ウズラシギ**◆ムクドリよりやや小さく、頭上部が茶色。
水田や入り江に飛来。プリーと鳴く。まれなアメリカウズラシギは茶色味にとぼしく、胸のまだら模様と腹の白い境が明瞭。

□**タカブシギ**◆ムクドリよりやや小さく、ピッピッピッと続けて鳴く。
水田や河川に飛来し、冬を越すものもいる。足が長くスマート。尻を上下にふる（＝イソシギ）。背に細かな白いまだら模様がある。

□**キョウジョシギ**◆足は橙色で比較的の短い。
海岸、干潟、水田などに飛来。首やくちばしも短め。雌夏羽は背の赤味が薄く、幼鳥や冬羽には赤味がない。くちばしで石をひっくり返して採食する習性がある。ゲレゲレなどと、にぎやかに鳴く。

□**ソリハシシギ**◆くちばしは長く上にそり、足が黄色。
干潟、河川、水田などに飛来。秋に多い。ムクドリよりやや小さく、速足で活発に動く。色はキアシシギより淡く、冬羽はより淡い。次列風切が白い（＝アカアシシギ）。ピリピリピリなどと笛の音のような声。

□**クサシギ**◆イソシギに似てやや大きく、足が黄色くない。
河川、水田などの湿地に飛来し、関東以西では冬を越すものもいる。あまり群れにならず、1羽でいることが多い（＝イソシギ）。翼下面は黒っぽい（×タカブシギ）。チュイリーなどと鳴く。

歩いている鳥 | ムクドリ大以上
シギなどのなかま

[s][c] □**キアシシギ**◆ムクドリ大で、胴が長く、黄色い足。
海岸、干潟、河川に飛来。上面は濃い灰色で、飛翔時も白い部分はない。澄んだ声でピューイと鳴き、ピピピと続けたり、群れで鳴き交わしたりする。まれなメリケンキアシシギの夏羽は、下面のしま模様が腹から尻まで明瞭。
□**コオバシギ**◆ムクドリ大、首が短めで比較的太って見える。
干潟や海に近い水田などの湿地に飛来するが、少ない。オバシギの群れの中に、少数いることが多い。キアシシギより上面は淡く（幼鳥）、ノッなどと鳴く。
□**オバシギ**◆ムクドリより大きく、胸に黒いまだら模様が集中する。
干潟や海に近い湿地に飛来。夏羽では胸が黒く見える。コオバシギほど足に黄色味がなく、飛ぶと腰が白い。キッなどと鳴く。
□**コアオアシシギ**◆ムクドリ大、緑っぽい長い足、細いくちばし。
水田、河川などの湿地に飛来するが、少ない。夏羽では胸に細かく黒いまだら模様。ピョーとかタカブシギに似たピッピッピッという声を出す。

[s][c] □**アカアシシギ**◆次列風切と腰が白い。
北海道東部の湿原で一部繁殖するが、主に旅鳥として干潟、海岸近くの水田に少数が飛来。冬羽はツルシギに似るが、足が比較的短く、上下のくちばしの基部が赤い。ピーチョイチョイーなどツルシギより長く鳴くことが多い。
□**エリマキシギ**◆黄色味のある褐色で、背に黒いまだら模様（幼鳥）。
入り江、海に近い水田などの湿地に飛来するが、少ない。雌はムクドリ大だが、雄は一回り大きい。冬羽は黄色味がなくなり、雄夏羽では、えりまきのような羽がはえる。

[c] □**タシギ**◆秋冬の水田や河川に飛来。
枯れ草のなかにいて見つけにくい。オオジシギを含めてよく似た種がいるが、次列風切の先が白いのが決め手になる。ジェッとしわがれ声で鳴いて飛び立ち、高く舞い上がって飛び去る。アオシギは似るが、少数が低地から山地の小川や湿地に飛来する。

[s][c] □**オオジシギ**◆タシギに似るが、水辺では秋・春に通過。
主に本州の山地の草地、北海道の草地に夏鳥として飛来（⓫42P）。秋には各地の水田や河川を旅鳥として通過してオーストラリアまで渡る。ゲッと鳴いて飛び立ち、タシギのように高くは舞い上がらず、近くに下りることが多い。翼下面はタシギより暗色。よく似たチュウジシギの外側尾羽は暗色部が多く、ハリオシギでは針のように細い（尾羽の枚数にも違いがあるが野外で見分けるのは難しい）。

[s] □**タマシギ**◆目のまわりが白く、肩の部分に白い切れ込み。
タマシギ科。雌の方が鮮やかで、地味な雄が抱卵し、ひなを連れて歩く。東北南部以南の水田や蓮田のような湿地で繁殖。幼鳥は雄に似る。飛ぶと足を重そうにたらしている。雌は繁殖期の夕暮れや夜明けにコー、コーと鳴く。

夏
幼
ムクドリ

幼
コオバシギ
L24

夏
キアシシギ
L25

冬

冬
コアオアシシギ
L23

幼
オバシギ
L28

夏

♂幼
♀幼
冬
エリマキシギ
L ♂32 ♀25

夏
アカアシシギ
L28

タシギ
L27

オオジシギ
L30

♂
♀
タマシギ
L25

歩いている鳥

37

歩いている鳥 | ハト大以上 シギなどのなかま

C □**ツルシギ**◆ハトよりやや小さく、赤く長い足。
入り江や海に近い水田、蓮田、湖沼などの湿地に飛来。春早くから見られるが、秋には少ない。冬羽はアカアシシギに似るが、下くちばしの基部のみが赤い。飛ぶと背から腰が白い。チュイッと短く鳴く。

C □**アオアシシギ**◆ピョーピョーピョーなどと鳴く。
干潟、水田、河川、湖沼などの湿地に飛来。ハト大で、活発に動く。くちばしはやや上にそっている。足は緑味のある灰色。飛ぶと背から腰が白い。足が短いカラフトアオアシシギ(種)は、世界的にも個体数が少なく、ケーなどと鳴く。オオキアシシギは足が黄色、コキアシシギも似るが大きさはコアオアシシギに近く、ともにまれ。

□**オグロシギ**◆長く黒い足、長くまっすぐなくちばし。
干潟、海に近い水田などの湿地に飛来するが、秋に多い。飛ぶと腰と翼に白黒の帯が明瞭。雌の夏羽は赤味が少ない。オオソリハシシギより足が長くスマート、幼鳥では顔から胸にかけて黄色味のある褐色。キッ、キッと鳴く。よく似たシベリアオオハシシギはくちばしが全部黒く、まれ。

C □**オオソリハシシギ**◆長いくちばしが、やや上にそる。
干潟、砂浜、海に近い湿地に飛来するが、春に多い。雌はやや大きく、夏羽は赤味が少ない。オグロシギに比べて足が短く、幼鳥では黄褐色味はなく、背の模様が細かくて、ざくざくした感じ。ケッ、ケッと鳴く。オオハシシギは一回り小さく、足は黄色味があるが、多くない。

S C □**チュウシャクシギ**◆ハト大で、くちばしは長く下を向く。
干潟、水田などの湿地や草地に飛来。飛ぶと背から腰が淡い。ポイピピピピピと大声で続けて鳴く。まれなコシャクシギは一回り小さく、ハリモモチュウシャクは腰が褐色でクイーヨなどと鳴く。

C □**ダイシャクシギ**◆カラス大で、くちばしは極端に長く、下を向く。
広い干潟に飛来し、本州中部以南では冬を越すものもいる。飛ぶと背から腰がはっきりと白い。干潟にくちばしを差し込み、カニを食べる。ホーイーンとよく通る大声で鳴く。

C □**ホウロクシギ**◆ダイシャクシギに似て、腰や尻が白くない。
広い干潟に飛来する。ダイシャクシギより茶色味が強く、飛ぶと腰や翼の裏が白くない点が違う。ダイシャクシギに似た大声を出す。

C □**セイタカシギ**◆足が極端に長くピンク色。
セイタカシギ科。水田、埋め立て地の水溜まり、入り江などに飛来するが、繁殖するものや、冬を越すものもいる。雄夏羽は頭上が黒く、冬羽では薄くなる(頭の白い雄、黒い雌などもいる)。若鳥は背に褐色味があり、次列風切の先が白い。キッキッとかピュイーと鳴く。

C □**ミヤコドリ**◆ハトより大きく、足とくちばしが赤い。
ミヤコドリ科。くちばしは縦に平たく、二枚貝をこじあけて食べるのに適している。干潟や海岸の岩場に飛来するが、少ない。冬を越すものもいる。詩歌によまれた都鳥(みやこどり)はユリカモメをさすといわれる。

ハト

幼
夏
冬
ツルシギ L32

幼
夏
冬
アオアシシギ L33

オグロシギ L38
幼
夏
冬
幼

オオソリハシシギ L41
幼
夏
幼

チュウシャクシギ L42

ダイシャクシギ L60

ホウロクシギ L62

ミヤコドリ L45

♀
♂夏
セイタカシギ L37

歩いている鳥

39

歩いている鳥　｜ハト大〜カラス大
サギのなかま

●**ペリカン目サギ科**：12P。首と足が長く、するどいくちばしを持つ。以下の「ゴイ」と名のつくものは、首を縮めていることが多い。足も比較的短いのでずんぐりと見えるが、食物をねらう時や、とる瞬間、警戒する時などには首をのばす。ミゾゴイとズグロミゾゴイは⛰38P。

s □**ヨシゴイ**◆ヨシ原にすむ、小さなサギ(サギの中で最小)。
九州以北の水田、河川、湖沼に飛来(越冬例もある)。しげみの中にいることが多く、見つけにくい。草の上を低く飛ぶ。その際、淡い上面に黒い風切羽が目立つ。草地に枯葉を集めて皿形の巣をつくる。人が近づくと首を上にのばして、じっと動かさないようにする習性がある。雌は首から胸にかけてしま模様があり、幼鳥では体全体にある。主に夕方頃から、静かな声でオー、オーと鳴く。

s □**オオヨシゴイ**◆ヨシゴイに似るが、上面が濃い茶色。
本州中部以北のヨシ原や草地に飛来するが減少。習性や声はヨシゴイに似るが、ヨシゴイより乾いた草地にすむ傾向がある。幼鳥は雌に似て、背の白いまだら模様が黄褐色。種

s □**リュウキュウヨシゴイ**◆奄美大島以南で留鳥。
水田、ヨシ原や周辺の湿地にすむ。ヨシゴイよりやや大きく、赤味が強く、飛ぶと一様に赤茶色に見える。

c □**ササゴイ**◆ハトより大きいがゴイサギより小さく、くちばしが長い。
本州以南の河川や湖沼に飛来し、近くの樹上で繁殖する。山地の河川や湖沼にも飛来する。暖地では越冬するものもいて、沖縄では冬鳥。飛びながらキューウとするどく鳴く。熊本県などの公園では、小枝や葉などの疑似餌を使って魚をおびき寄せる「まき餌漁」をするササゴイが観察されている。

c □**ゴイサギ**◆カラス大で緑味のある黒い上面、赤い目。
本州以南の水辺に多く、本州から九州の林で集団で繁殖する。日中は草や木のしげみで休み、夕方から活動することが多い。幼鳥や若い鳥は褐色に白いまだら模様がある。成鳥の色彩になるまで3年ほどかかり、目の色は黄色から次第に赤くなる。飛びながらクワッと鳴く。婚姻色では足が赤くなる。本種より大きなサンカノゴイ(L70)は少ないが、各地の湿地で記録がある。

【主なサギを見わける目安】

白くないサギ	
首を縮めている	
	カラス大＝ゴイサギ(あらゆる水辺、市街地にも)
	カラスより小さい＝ヨシゴイ(ヨシ原で夏鳥)、ササゴイ(河川で夏鳥)
首を伸ばしている	クロサギ(岩のある海岸)、アオサギ(カラスより大きい)
白いサギ	
ほぼカラス大で活発	アマサギ(黄色いくちばし、夏羽はオレンジ色)
	コサギ(黒いくちばし、黄色い指)
カラスより大きく不活発	チュウサギ(水田で夏鳥、目元は黄色)
	ダイサギ(細長い首、夏羽の目元は緑)

※ **ヨシゴイ** L36

※ **オオヨシゴイ** L39

南 **リュウキュウヨシゴイ** L40

※ **ササゴイ** L52

幼

ゴイサギ L58

ハト

歩いている鳥

41

歩いている鳥 | カラス大以上 サギのなかま

●ペリカン目サギ科：12P、40P。以下の鳥は長い首をのばしていることが多いが、飛ぶ時は首を縮める（×コウノトリ科、トキ、ツル科）。林で集団で繁殖するものが多く、他の種が混じることもある。北海道ではアオサギ以外は少なく、春夏のみ。南西諸島では冬鳥であることが多い。

□**アマサギ**◆白いサギでは最小。くちばしは夏も黄色。
水田や草地に飛来するが、暖地では冬を越すものもいる。ほかのサギより乾燥したところにもいる。冬羽は全身白くなりチュウサギに似るが、小さく、首が短い。婚姻色ではくちばしや足に赤味。声はグアー。牛や耕作機の周りに群れて、飛び出す虫をねらう習性がある。

□**コサギ**◆くちばしが冬も黒く、足指が黄色。
本州から九州の林で集団で繁殖し、各地の水辺で見られる。カラス大だが、白いサギでは小型。繁殖期の一時期に足と目元がピンク色になる（婚姻色）。活発に歩き（＝アマサギ）、浅い水辺では、足をふるわせるようにして魚をとることがある。時々グアーとしわがれ声を出す。まれなカラシラサギも足指は黄色いが、くちばしも黄色いので、クロサギ白色型に似る（クロサギよりくちばしが細く、足や冠羽は長い）。

□**クロサギ**◆海岸の岩場を好む。
本州以南。南西諸島では白色型も多い。干潟や海岸に近い湿地にいることもある。他のサギよりくちばしが太くて長い。黄色味のある足はコサギより短めで、体もがっしりとした感じがする。

□**チュウサギ**◆水田に多く、コサギとダイサギの中間の大きさ。
九州から本州に飛来するが、暖地では越冬するものがいる。夏羽はコサギよりくちばしが短く、背の飾り羽はまっすぐ（＝ダイサギ。コサギでは上にそる）。冬羽は繁殖期の為から見られ、ダイサギに似るが、くちばしが短い。婚姻色では目に赤味が生じる。ゴワーと鳴く。

□**ダイサギ**◆最も大きな白いサギで、極端に首が細長い。
コサギ同様さまざまな水辺で見られるが、九州から本州に夏鳥として飛来し繁殖するものと、冬鳥として飛来するものがある。婚姻色では足に赤味。口角（口の両脇に筋のように見える）が目の下より後方までのびる（×チュウサギ）。一般に体が大きなものほど動きが少なくなる傾向があるが、コサギのように足早に歩きまわるよりも、より深い水辺をゆっくり歩くか、じっと立っていることが多い。ゴワーと鳴く。

□**ムラサキサギ**◆主に先島諸島で見られる。
水田や湿地で見られるが、先島諸島以外では、まれ。アオサギよりくちばしが長く見える。幼鳥は、ほぼ全身が褐色をしている。

□**アオサギ**◆背が灰色をした、最も大きなサギ。
九州以北の林で集団繁殖し、各地の水辺で見られる。北日本では、秋冬に暖地に移動するものが多い。正面からは白く見えるが、横、後ろからは灰色に見える。成鳥では首が白く、頭に黒い冠羽があるが、若い鳥では首や冠羽の部分がぼやっとした感じ。婚姻色ではくちばしや足に赤味。クワーッまたはグワッと鳴く。立ったまま翼を半開きにして、日光浴をする。

アマサギ
L50
夏
冬
夏

コサギ
L61
13P参照
夏
冬

チュウサギ
L68
夏
冬

クロサギ
L62
白色型

ムラサキサギ
L84

アオサギ
L95

ダイサギ
L80〜104
夏
冬

歩いている鳥

43

歩いている鳥 ｜ コウノトリ、トキ、ツル・クイナのなかま

●**コウノトリ目コウノトリ科**：13P。日本で繁殖していたコウノトリ天種(52P)は野生では絶滅したが、大陸で繁殖したものが冬にまれに飛来するほか、豊岡市(兵庫県)での野生復帰事業で放鳥した個体が見られることがある。

●**ペリカン目トキ科**：トキ類では日本産のトキ天種(52P)は絶滅したが、佐渡市(新潟県)での野生復帰事業で放鳥した個体が見られることがある。顔が黒いクロトキはまれな冬鳥。ヘラサギ類以下2種ともに、いずれも首をのばして飛ぶ(＝コウノトリ科、ツル科、×サギ科)。

□**ヘラサギ**◆しゃもじ型の横に平たいくちばし。
湖沼、水田、干潟に飛来するが、少ない。くちばしを水面につけ、横にふりながら魚などをとる。

□**クロツラヘラサギ**◆ヘラサギに似て、目とくちばしの間の黒が広い。
湖沼、水田、干潟に飛来するが、少ない。若い鳥ではくちばしの色が淡く、飛ぶと翼の先が黒い。習性はヘラサギに似る。アジア東部のみに分布。種

●**ツル目ツル科**：家族単位で暮らし、大声で鳴き交わす。若い鳥は頭や首に褐色が混じり、ピーなどと鳴く。

□**ナベヅル**◆黒い体で、他のツルより小さい(大型のサギくらい)。
鹿児島県出水平野や山口県周南市の農耕地に飛来するが、他ではまれ。頭上の赤は遠いと見えない。コォーォなどと鳴く。まれなクロヅルは首の下が黒く、カナダヅルは体も首も灰色。

□**マナヅル**◆灰色の体、ピンクの足。
鹿児島県出水平野の農耕地に飛来するが、ほかではまれ。グルローなどと鳴く。種

□**タンチョウ**◆体は白く、首は黒い。
北海道東部の湿原で繁殖し、冬は鶴居村や釧路市などにある給餌場に集まる。他の地域では、まれに飛来。雄がクルルーと鳴くと、雌が続けてカッカッと鳴く。黒い次列風切が尾のように見えるが、尾は白い。天種

●**ツル目クイナ科**：12P。オオバン以外はしげみの中にいて見つけにくい。ひなは黒い。沖縄島北部の林には日本特産種ヤンバルクイナ天種(●62P)、先島諸島にはオオクイナがすむ。

□**ヒクイナ**◆ムクドリ大で、顔から腹、足が赤っぽい。
水田、河川や湖沼周辺の湿地に飛来するが、北日本では少なく、暖地では冬を越すものもいる。夕暮れからキョッ、キョッと区切って鳴き続け、次第に早口になる。

□**クイナ**◆ハトよりやや小さく、長いくちばしの下が赤い。
北日本で少数が繁殖するが、多くは冬鳥として本州以南の水田、河川、湖沼周辺の湿地に飛来。クイクイなどと鳴く。

□**バン**◆ハト大で額が赤く、くちばしの先が黄色。
河川や湖沼、水田などの湿地で繁殖し、本州中部以南の湿地で越冬。近年、公園の池などで、人から餌をもらうものもいる。泳ぐ時は首を前後に動かす(＝オオバン)。クルルッと鳴く。

□**シロハラクイナ**◆奄美大島以南で留鳥(他の地域ではまれ)。
水田、河川、干潟の草やマングローブのしげったところを好む。

□**オオバン**◆全身黒く、くちばしと額が白い。
湖沼や河川にすみ、よく泳ぐ。水辺の草のしげみで繁殖。冬は本州以南で越すものが多い。キュキューなどとバンより高い声で鳴く。

ヘラサギ
L86

南 ナベヅル
L96

コサギ

クロツラヘラサギ
L74
若

冬
冬

北 タンチョウ
L♂140 ♀130

南 マナヅル
L127

ハト

ヒクイナ
L23

クイナ
L29

南 シロハラクイナ
L33

バン
L32

幼

オオバン
L39

幼

歩いている鳥

45

飛んでいる鳥 ｜ ムクドリ大～カラス大
アジサシ・カモメのなかま

●**アジサシ類（チドリ目カモメ科）**：14P。熱帯や沖にすむものが多い。セグロアジサシ、クロアジサシのような小笠原などで繁殖するものと、ごくまれなものはここでは省いた。

□**ハジロクロハラアジサシ**◆ムクドリ大でコアジサシより尾が短い。
湖沼、干潟に、主に秋に飛来するが、少ない。飛びながら小魚などを見つけると、水面に舞い降りてくわえとる。ギリッとにごった声。

□**クロハラアジサシ**◆前種とは、顔の黒色部の模様が違う（冬羽）。
湖沼や干潟に、主に秋に飛来するが、少ない。習性は前種に似るが、夏羽では、ほおと翼下面が白い。

□**コアジサシ**◆白いツバメのように見え、くちばしと足が黄色。
本州以南の河川、湖沼、海に飛来し、普通に見られる。体はムクドリ大で、翼や尾が長くスマート。水面の上を飛びまわり、魚をみつけると頭から水面に飛び込んでとる（＝以下3種類）。草が少ない広い河原や砂浜で集団で繁殖する。キリッ、キリッとするどい声で鳴く。

□**エリグロアジサシ**◆主に南西諸島に飛来。
崖などに集団で繁殖し、付近の海上、海岸では普通だが、他ではまれ。ギーイなどと鳴く。

□**ベニアジサシ**◆有明海（福岡県）や南西諸島に飛来。
崖などに集団で繁殖し、付近の海上、海岸では普通だが、他ではまれ。クイーなどと鳴く。地上にとまっているとアジサシより尾が長く見える（尾の先が翼の先より長い）。

□**アジサシ**◆ユリカモメよりやや小さく、翼や尾がより細い。
海上、河口や干潟に飛来する。ギュィッなどとコアジサシよりにごった声で鳴く。まれに、足の赤い亜種も飛来する。

●**カモメ類（チドリ目カモメ科）**：14P。大きさから以下の3つにわけられる。カラスより小さい小型種（ユリカモメなど3種）、カラス大の中型種（カモメ、ウミネコ）、カラスより大きな大型種（セグロカモメなどの4種）。中型以上では成鳥の色彩になるまでに3～5年ほどかかり、若鳥はどれも褐色で似ている。夏羽では頭が純白になる。雑食性で、特に大型種はがんじょうなくちばしをしており、他の鳥のひなもおそって食べる。岸近くにいるものが多いが、沖ではミツユビカモメ（62P）のほか、近縁のトウゾクカモメ科（黒っぽく、尾が長いものが多い）が見られる。

□**ユリカモメ**◆カラスより小さめで細く、くちばしと足が赤い。
海岸の他、河川や湖沼など、最も内陸まで飛来するカモメ。夏羽は頭部が黒褐色になる。若鳥は翼の上面や尾に黒い線がある。にごった声だが、若鳥にはごらずミーィという。ほぼ同じサイズのミツユビカモメ（くちばしが黄色で、足は黒い。62P）は沖にいることが多く、ズグロカモメ（くちばしが黒くて短い。62P）は西日本の干潟に飛来するが、少ない。

□**カモメ**◆ウミネコより背が淡く、翼の先の黒が目立ち、尾に黒帯がない。
九州以北の海岸や河口に飛来。くちばしは黄色で、足も黄色っぽい。キュッキューキューなどと鳴く。

ウミネコ

夏 冬

ハジロクロハラアジサシ
L25 W65

夏 冬

クロハラアジサシ
L26 W67

幼 冬
夏

コアジサシ
L25 W53

夏

南 **エリグロアジサシ**
L31 W61

南 **ベニアジサシ**
L35 W76
夏

夏 夏 冬

アジサシ
L35 W85

ウミネコ
L45 W127
14P参照

若
夏
冬

ユリカモメ
L40 W98
14P参照

カモメ
L42 W115

飛んでいる鳥

47

飛んでいる鳥｜カラス大以上
カモメ、ミズナギドリのなかま

●**カモメ類**：14P、46P。以下の大型種はカラスより大きく、くちばしが太く黄色い(先の下に赤い点)、足はピンク色。ガハッとかキューと鳴く。

□**セグロカモメ◆背の灰色が淡いので、翼の先の黒が目立つ(=カモメ)**。
海岸、河口に飛来するが、比較的西日本に多い。背が淡い点はカモメに似るが、大きさ、足の色が違う。まれにやや足が短い**カナダカモメ**(アイスランドカモメの亜種)、足に黄色味がある**モンゴルセグロカモメ**(セグロカモメの亜種)や**ニシセグロカモメ**(背の灰色がオオセグロカモメのように濃い)などのよく似た亜種や種も飛来するが、交雑の可能性もあって種を特定できない個体もいる。

□**オオセグロカモメ◆背の灰色が濃く、翼の先の黒が目立たない(=ウミネコ)**。北海道や東北の一部では繁殖しており一年中見られるが、ほかでは冬鳥として海岸に飛来。北日本に多く、西日本に少ない。背が濃い点でウミネコに似るが、大きさ、足の色が違う。飛ぶと翼下面の風切羽の先が黒い帯となって見える(セグロカモメでは初列風切の先だけ黒く見える)。

□**ワシカモメ◆背も翼の先も一様に灰色**。
主に北日本の海岸に飛来。岩のある海岸を好む。大型カモメ類の目は、若鳥では黒っぽく、次第に黄色くなるが、本種では成鳥の目もほかの大型カモメより黒っぽく見える。

□**シロカモメ◆翼の先が白い、最大のカモメ**。
主に北日本の海岸に飛来。遠浅の海岸を好む。背の灰色は最も淡い。若鳥の褐色は非常に淡いので、白っぽく見える。やや小さく、くちばしが短い**アイスランドカモメ**はまれ。

【主なカモメ類の見わけの目安】

一年中見られる			ウミネコ(東北以北ではオオセグロカモメも)
秋〜冬に見られる	小型	内陸でも見られる	ユリカモメ(赤いくちばしと赤い足)
		沖に多い	ミツユビカモメ(黄色いくちばしと黒い足)
	中型		黄色い足に黄色いくちばし
		淡い背	カモメ(くちばしに模様はない)
		濃い背	ウミネコ(くちばしの先に黒と赤、尾に黒い帯)
	大型		ピンクの足に黄色いくちばし(下に赤い点)
		翼先が黒い	オオセグロカモメ(北日本に多い)、セグロカモメ(西日本に多い)
		翼先が黒くない	ワシカモメ(北日本に多い、翼先が灰色)、シロカモメ(北日本に多い、翼が白)

●**ミズナギドリ目ミズナギドリ科**：岸近くでも見られるものは主に以下の2種で沖の海面近くを、細長い翼をまっすぐのばして、滑空していることが多い。泳ぐ姿勢はカモメに似て胴が長く見える。飛び立ちには助走が必要。アホウドリ科(W200㎝以上の大型。アホウドリは62P)や**ウミツバメ科**(小型でムクドリ大前後)もミズナギドリ目に属するが、いずれも沖にすむので、ここでは省いた。

□**オオミズナギドリ◆ウミネコ大で上面が黒っぽく、下面は白い**。
岩手県、伊豆諸島、京都府などの島の地面に穴を掘って繁殖する。全国の海上に群れで見られるが、冬は少ない。

□**ハシボソミズナギドリ◆ウミネコより小さく、全身ほぼ黒っぽい**。
春から夏にかけて日本近海を北上するものが、群れで見られる。

ウミネコ
L45 W127
14P参照

冬 🔵セグロカモメ
L61 W142

冬 🔵オオセグロカモメ
L61 W141

冬 🔵ワシカモメ
L65 W140

冬 🔵シロカモメ
L62〜70
W140〜160

オオミズナギドリ
L49 W120

翼下面の白いタイプ

❎ハシボソミズナギドリ
L42 W98

飛んでいる鳥

49

飛んでいる鳥 | カラス大以上
ハヤブサ、タカなどのなかま

●**ハヤブサ目ハヤブサ科**：肉食でタカ科に似ている。開けた環境を好み、飛ぶと翼の先がとがって見える。顔にひげのような模様がある。

[C] □**ハヤブサ**◆カラス大でほかのハヤブサ科の鳥より太く、がっしりした感じ。

九州以北の海岸の崖で繁殖し、冬は暖地に移動するものもある。湖沼や海岸の上空から急降下して、空中で水鳥などを捕らえる。幼鳥(⊕49P)は背に褐色味があり、腹に縦のしま模様。繁殖期はケーケーケーなどと鳴く。㊀

●**タカ目タカ科など**：いわゆるワシやタカのなかまで、猛禽類とも呼ばれる(=ハヤブサ科、フクロウ科)。肉食で、かぎ形のくちばしとするどい爪を持つ。浅いはばたきと滑空をくり返すが、上昇気流に乗って帆翔していることもある。警戒心が強く、見わけるのは難しいとされるが、トビをよく見ておくと比較して識別するのに役立つ。雌が雄より大きい(=ハヤブサ科)。

[S] □**チュウヒ**◆ヨシ原の上を低く、「逆への字」で飛ぶ。

北海道や本州の湿原で少数が繁殖するが、多くは冬鳥でヨシ原などの湿地に飛来。滑空時に翼の両端が上に上がるため、正面から見るとへの字を逆にしたような形に見える。低空を飛び回り、鳥や魚、小動物を見つけると急降下して捕る。褐色をしたものが多いが、色彩には個体差が多い。㊀

□**ハイイロチュウヒ**◆チュウヒに似て雄は白っぽく、雌は腰が白い。
ヨシ原などの湿地や農耕地に飛来。低空を「逆への字」で滑空するのはチュウヒと同じ。雄は黒い翼端以外は白っぽいが、雌や若鳥は褐色で腰がはっきりと白く、翼や尾の下面にしま模様が明瞭。

[C] □**オジロワシ**◆太い翼、白く短い尾(成鳥)。

北海道の東部と北部で一部繁殖するが、多くは冬鳥として海岸や河口、湖沼に飛来する。若鳥は尾が白くなく、オオワシの若鳥に似るが茶色味があり、くちばしが小さく、黄色味が淡い。㊅㊀

[C] □**オオワシ**◆太い翼、白い肩と尾(成鳥)。

主に北海道の海岸や海岸近くの河川、湖沼に飛来し、ほかでは少ない。オジロワシより黒味があり、くちばしは大きく黄色味が強い。尾がくさび型でオジロワシより長めに見える。㊅㊀

[C1][C2] □**ミサゴ**◆下面が白く見え、細長い翼に短い尾。

ミサゴ科。海岸や大きな湖沼、河川にすみ、急降下して魚を足でつかむ。崖や大木で繁殖し、北日本のものは、冬に暖地に移動。停飛をする。

【水辺のハヤブサやタカなどの見わけの目安】

ヨシ原の上を低く飛ぶ	チュウヒ、ハイイロチュウヒ	
海岸、河川、湖沼 翼の先がとがる	ハヤブサ科(ハヤブサ以外はハト大)⊕48P	
翼の先がとがらない	カラス大　　　＝ノスリ、オオタカ(共に水辺では秋冬)	
	カラスより大＝ミサゴ(細長い翼、短い尾)	
	トビより大　　＝オジロワシ、オオワシ	

カラス

ハヤブサ
L42〜49 W97〜110

チュウヒ
L48〜58 W110〜140

トビ
L59〜69 W157〜162
15P参照

♀

♂ ♀
🏷ハイイロチュウヒ
L45〜51 W110〜120

ミサゴ
L55〜63 W157〜174

若

🏷オジロワシ
L80〜94 W200〜220

若

🏷オオワシ
L89〜102
W220〜240

飛んでいる鳥

51

放鳥された種・野生化した飼い鳥・外来種

●放鳥された種 (44P)

トキ 天 種
L77
夏／冬

コウノトリ 天 種
L112

●野生化した飼い鳥 (22P)

アヒル
マガモより大きく
太ったものが多い

バリケン
L80前後

原種：サカツラガン
原種：ハイイロガン

ガチョウ
原種より大きく
太ったものが多い

●外来種 (54P、🗻20P)

ガビチョウ
L25

ハッカチョウ
L26

スズメ

ソウシチョウ
L15

ホンセイインコ ♂
L40
（亜種ワカケホンセイインコ）
雌や幼鳥は首の輪がない

このほか、水辺ではカナダガン(28P)、コブハクチョウ(28P)、山林や市街地ではコジュケイ・カワラバト(🗻18P)、コウライキジ(🗻38P)。

料金受取人払郵便

大崎局承認

7806

差出有効期間
2026年7月
31日まで

郵便はがき

| 1 | 4 | 1 | 8 | 7 | 9 | 0 |

103

品川区西五反田3-9-23
丸和ビル

日本野鳥の会
普及室「新・水辺の鳥 改訂版」係

ご希望の方は□にチェックしてください。
□「アウトドアグローブ」プレゼント
アンケートにご協力いただいた方の中から、毎月抽選で5名様に、手にはめたまま図鑑がめくれる「アウトドアグローブ」をプレゼント。

希望サイズ
S・M・L

※発表は発送をもってかえさせていただきます。
※色はお任せください。
※締切2026年3月末日到着分まで。

□「ツバメのねぐらマップ」希望
全国各地の観察ポイントや観察方法をまとめた冊子を無料で差し上げます。裏面に名前、住所、電話番号をご記入ください。なくなり次第終了とさせていただきます。ご了承ください。

アンケートはこの
ハガキかwebで
アンケートページへ
アクセス

∞ ハンディ図鑑「新・水辺の鳥 改訂版」お客様アンケート ∞

●この図鑑をどのようにしてお知りになりましたか?

1:書店店頭で　　　　　　　　　　　　　2:日本野鳥の会月刊誌「野鳥」の記事で
3:日本野鳥の会の広告、カタログなどで　　4:日本野鳥の会ホームページで
5:人が持っていたので　　　　　　　　　　6:その他(　　　　　　　　　　　　　)

●この図鑑をどこでお求めになりましたか?

1:書店店頭　　　　　　　　　　　　　　2:日本野鳥の会通信販売
3:日本野鳥の会バードショップ店頭　　　4:日本野鳥の会の連携団体(支部)
5:その他(　　　　　　　　　　　　　　　　　　　　　　　　　)

●この図鑑と対応する「CD 声でわかる水辺の鳥・北や南の鳥」を

1:すでに購入して持っている　　　　　　2:これから購入したい
3:購入する予定はない

●既刊の姉妹編ハンディ図鑑「新・山野の鳥　改訂版」を

1:すでに購入して持っている　　　　　　2:これから購入したい
3:購入する予定はない

●この図鑑の定価は　　　　　　　　1:安い　　　2:適当　　　3:高い

●この図鑑をお求めになって　　　　1:満足　　　2:ふつう　　3:不満

●この図鑑の満足な点、不満な点を具体的にお聞かせください

●あなたが今いちばん欲しいバードウォッチング用品、書籍や野鳥グッズは何ですか?

ご住所	〒　　　　　　　　　　　　　　　　　　　　　　TEL　　(　　　)	
お名前	フリガナ	会員番号またはお客様番号(お持ちの方)
		e-mail

ご記入いただいた個人情報は、当会の規程に基づき管理いたします。今後、当会のオリジナル書籍やグッズを掲載したカタログやイベント情報等をお送りする場合がございます。お知らせが不要な方は、以下にチェックをお願いします。

☐ 郵送物の案内不要　　　☐ e-mailの案内不要

フィールドマナー 「やさしいきもち」

　自然と人との共存を目指す自然保護団体である日本野鳥の会は、自然に親しむ際の心構えとして、野鳥や自然に迷惑をかけないように、下記のようなフィールドマナーを提唱しています。

や…野外活動、無理なく楽しく
さ…採集は控えて自然はそのままに
し…静かに、そーっと
い…一本道、道からはずれないで
き…気をつけよう、写真、給餌、人への迷惑
も…持って帰ろう、思い出とゴミ
ち…近づかないで、野鳥の巣

　近年、デジタルカメラの普及にともない、野鳥の観察や撮影のマナーを知らずに撮影を始める方も増加しました。加えて、SNSが急速に拡大したことにより、射幸心をあおるような写真が簡単に公開、拡散されるようになり、珍しい野鳥や希少種の写真が公開されると、その場所の情報が一気に拡散され、知れ渡り、多数の観察者や撮影者が押し寄せて、野鳥や地域住民に迷惑をかけることが増えてきました。
　このようなことを受けて、日本野鳥の会では、「野鳥観察・撮影のガイドライン」を作成しました。
下記に項目を掲載します。
詳しくはホームページをご参照ください。
https://www.wbsj.org/activity/spread-and-education/bbw/manner-guideline/

Ⅰ. 野鳥の観察・撮影について
　　ストレスを与えないように野鳥との距離を取る
　　営巣中、育雛中の野鳥や巣へは近づかない
　　音声による誘引はしない
　　餌付けによる誘引はしない
　　撮影にフラッシュ・ストロボを使用しない
　　立ち入り禁止場所への侵入はしない
　　私有地や団体等の所有地への侵入はしない
　　公園等公共の場でのマナー
　　駐車について
　　他の観察者・撮影者へ配慮する
　　プライバシーを守る

Ⅱ. 画像・映像・情報の公開について
　　営巣中等の写真や映像をSNSで公開しない
　　写真コンテストへの応募はマナーを守った写真を！
　　詳しい撮影地は公開しない
　　稀な渡り鳥等の画像や映像、情報は、鳥が撮影地からいなくなってから

Ⅲ. その他にも気をつけたいこと
　　植生へのダメージ、環境の改変に注意
　　高病原性鳥インフルエンザウィルスの拡散に気をつける

野鳥の保護に関係する主な法律や条約　2024年11月現在

●鳥獣保護管理法（鳥獣の保護及び管理並びに狩猟の適正化に関する法律）
　鳥類・ほ乳類の保護・管理と狩猟の適正化をはかることによって、生物多様性を確保し、生活環境を保全し、農林水産業を健全に発展させることを目的としています。捕獲や狩猟の制限、飼育や販売の規制、鳥獣保護区の設定や管理等について決められています。許可なく野鳥を捕まえたり飼ったりすると、この法により罰せられます。

登録狩猟：原則として狩猟免許が必要で、カスミ網、とりもち、弓矢等は禁止。期間は11/15〜2/15（北海道では10/1〜1/31）。対象種はほ乳類20種、鳥類は以下の26種：カワウ、マガモ、カルガモ、コガモ、ヨシガモ、ヒドリガモ、オナガガモ、ハシビロガモ、ホシハジロ、キンクロハジロ、スズガモ、クロガモ、エゾライチョウ、ヤマドリ（亜種コシジロヤマドリを除く）、キジ、コジュケイ、ヤマシギ、タシギ、キジバト、ヒヨドリ、ニュウナイスズメ、スズメ、ムクドリ、ミヤマガラス、ハシボソガラス、ハシブトガラス（ただし、キジとヤマドリのメスは2027年9月14日まで捕獲禁止）
鳥獣保護区：国や都道府県が指定し、調査、管理を行う。狩猟は禁止。特別保護地区では建築、埋め立て、伐採等は許可制。
その他の捕獲（学術研究、有害鳥獣捕獲）：都道府県知事（一部市町村長）の許可が必要。種の保存法の指定種、国指定鳥獣保護区内、カスミ網を使う場合は環境大臣の許可が必要。
指定管理鳥獣捕獲事業：環境大臣が指定した鳥獣（シカ、イノシシ、クマ類）について都道府県が計画を立てて行う捕獲事業。
飼育：野鳥をペット用に飼うのは原則禁止。しかし一部都府県では知事の判断で、メジロのみ1世帯1羽に限って許可を出しているところがあります。
★もし違法な狩猟、捕獲、飼育を見つけたら、都道府県庁の鳥獣保護担当部署や警察署（110番通報、または生活安全課）に、また傷病鳥の保護は都道府県の鳥獣保護担当部署にご連絡、ご相談ください。

●種の保存法（絶滅のおそれのある野生動植物の種の保存に関する法律）
　野生動植物の種の保存をはかることにより生物の多様性を確保し、良好な自然環境を保全することを目的とする法律。国内希少野生動植物種と国際希少野生動植物種の指定、個体（はく製などの製品を含む）の売買、譲渡、輸出入を禁止し、また国内希少野生動植物種（鳥類45種・亜種。本文中に㊚で表示）のための生息地等保護区の指定、土地所有者の義務、保護増殖事業について定めています。環境省のレッドリストは、この法律の科学的根拠とするために作成されます。

●外来生物法（特定外来生物による生態系等に係る被害の防止に関する法律）
　人間の活動に伴って本来の生息地から国内に持ち込まれた外来生物による、生態系や農林水産業、人への被害を防止するための法律。特に影

響の大きな種を「特定外来生物」として指定し、飼養、運搬等について規制を行うとともに防除を行うこととしています。鳥類では、カナダガン、シリアカヒヨドリ、ガビチョウ、カオジロガビチョウ、カオグロガビチョウ、ヒゲガビチョウ、ソウシチョウが特定外来生物に選定されています。

●文化財保護法

我が国の貴重な国民的財産である文化財(天然記念物など)を保存し、活用をはかることによって国民の文化的向上と世界文化の進歩に貢献することを目的としています。国や自治体は学術上価値の高い動植物・地質鉱物を天然記念物に、特に重要なものは特別天然記念物に指定します。野鳥で国指定の天然記念物の種は17種3亜種、特別天然記念物は8種あり(本文中に天で表示)、他に集団繁殖地、集団渡来地等も指定されています。国は文化庁、地方自治体は教育委員会が担当します。

●生物多様性基本法

生物多様性条約(後述)を踏まえ、長い進化の歴史の結果、地球上に様々な生物の種や生態系や遺伝子が関わりあって存在すること(生物多様性)の重要性を認め、その保全と持続可能な利用を目的とした法律。国土や自然資源の利用に際しては保全を基本として行うといった基本原則と、国や地方自治体の生物多様性戦略の策定等の施策の基本について定めています。

●自然公園法

すぐれた自然の風景地を自然公園に指定して保護、利用の増進をはかり、国民の保健、休養、教化に役立てるための法律。環境大臣が指定する自然公園のうち国立公園は環境省により、国定公園は都道府県により管理されます。また都道府県立自然公園もあります。これらは「特別地域」「普通地域」といった指定区分に応じ開発行為が規制されます。

●自然環境保全法

自然環境の保全を総合的に進めるための事項を定めた法律。国はこの法律に基き、野生動物等に関する全国調査(自然環境保全基礎調査)を行います。また原生的な自然環境で自然公園を除く一定面積以上の地域を「自然環境保全地域」、「原生自然環境保全地域」に指定し、この保全のための事業計画を立て、また地域内の一定の行為を制限しています。

●環境影響評価法

一定規模以上の開発を行う際に、環境への影響を極力小さくし保全措置を決めるための環境影響評価(アセスメント)の手続きを定めた法律。事業を行う前に、事業者は事前調査、影響予測を行って、保全措置を立案し、これに市民や行政が意見を述べる等の手続きを定めています。

●その他野鳥の生息地の管理に関する法律

河川法　河川の治水、利水、環境の整備と保全について定めた法律。河川整備にあたって動植物の生息地の保全を考慮し、河川敷への車の乗入れ禁止等ができます。海岸法にも同様の規定があります。こうした保全措置については、国土交通省の地方建設事務所または都道府県の土木担当部署にお問い合わせください。

●**国際条約**

生物多様性条約:1992年の地球サミットで採択された、自然環境に関する最も重要な条約。生物の多様性の保全と持続可能な利用、遺伝資源の公正・衡平(こうへい)な利益分配について定めています。今後2030年までに生物多様性を回復させる目標が合意されています。

ワシントン条約(絶滅のおそれのある野生動植物の種の国際取引に関する条約):希少な野生動植物が国際取引によって絶滅するのを防ぐために、指定種の輸出入を規制する条約です。

ラムサール条約(特に水鳥の生息地として国際的に重要な湿地に関する条約):国際協力により湿地とその資源や機能を保全し賢明な利用を進めるためにできた条約。加盟国は特に重要な湿地を登録して保全を行います。2021年11月現在、国内にはウトナイ湖(北海道)、谷津干潟(千葉県)、片野鴨池(石川県)等53ヶ所の条約に登録された湿地があります。

二国間渡り鳥条約:日本と渡り鳥が行き来する国との間で、捕獲の禁止、輸出入の規制、共同研究等により渡り鳥の保護を進めるための条約。アメリカ、ロシア、オーストラリア、中華人民共和国の4ヶ国との間に結ばれています。また、韓国とは協定が結ばれています。

世界遺産条約:顕著な普遍的価値を有する文化遺産及び自然遺産を損傷や破壊などから保護することを目的とした条約。日本では「知床半島」「白神山地」「屋久島」「小笠原諸島」「奄美大島、徳之島、沖縄島北部及び西表島」が自然遺産として世界遺産リストに登録されています。

(日本野鳥の会 葉山政治)

国・都道府県の鳥

国	キジ	富 山	ライチョウ	広 島	アビ
北海道	タンチョウ	石 川	イヌワシ	山 口	ナベヅル
		福 井	ツグミ		
		山 梨	ウグイス	徳 島	シラサギ
青 森	ハクチョウ	長 野	ライチョウ	香 川	ホトトギス
岩 手	キジ	岐 阜	ライチョウ	愛 媛	コマドリ
宮 城	ガン	静 岡	サンコウチョウ	高 知	ヤイロチョウ
秋 田	ヤマドリ	愛 知	コノハズク		
山 形	オシドリ	三 重	シロチドリ	福 岡	ウグイス
福 島	キビタキ			佐 賀	カササギ
		滋 賀	カイツブリ	長 崎	オシドリ
茨 城	ヒバリ	京 都	オオミズナギドリ	熊 本	ヒバリ
栃 木	オオルリ	大 阪	モズ	大 分	メジロ
群 馬	ヤマドリ	兵 庫	コウノトリ	宮 崎	コシジロヤマドリ
埼 玉	シラコバト	奈 良	コマドリ	鹿児島	ルリカケス
千 葉	ホオジロ	和歌山	メジロ		
東 京	ユリカモメ			沖 縄	ノグチゲラ
神奈川	カモメ	鳥 取	オシドリ		
		島 根	ハクチョウ		
新 潟	トキ	岡 山	キジ		

●総合さくいん (「新・山野の鳥　改訂版」を含む)

*種名の後に学名をイタリック体で併記してあります。
*山=「新・山野の鳥　改訂版」の掲載ページ。

あ

水辺
アイサ類−26
アオアシシギ　*Tringa nebularia*−38
アオサギ　*Ardea cinerea*−42
アカアシシギ　*Tringa totanus*−36
アカエリカイツブリ　*Podiceps grisegena*−30
アカエリヒレアシシギ　*Phalaropus lobatus*−34
アジサシ　*Sterna hirundo*−46
アジサシ類−14,46
アヒル−52
アビ　*Gavia stellata*−30
アビ目アビ科−30
アホウドリ　*Phoebastria albatrus*−62
アマサギ　*Bubulcus ibis*−42
アメリカヒドリ　*Anas americana*−20

山野
アオゲラ　*Picus awokera*−34
アオジ　*Emberiza spodocephala*−16
アオバズク　*Ninox scutulata*−44
アオバト　*Treron sieboldii*−36
アカゲラ　*Dendrocopos major*−34
アカコッコ　*Turdus celaenops*−32
アカショウビン　*Halcyon coromanda*−32
アカハラ　*Turdus chrysolaus*−18,33
アカハラダカ　*Accipiter soloensis*−48
アカヒゲ　*Luscinia komadori*−28
アカモズ　*Lanius cristatus*−30
アトリ　*Fringilla montifringilla*−24
アトリ科−14,24
アマツバメ　*Apus pacificus*−46
アマツバメ目アマツバメ科−46
アリスイ　*Jynx torquilla*−34

い

水辺
イカルチドリ　*Charadrius placidus*−32
イソシギ　*Actitis hypoleucos*−34
イソヒヨドリ　*Monticola solitarius*−16

山野
イイジマムシクイ　*Phylloscopus ijimae*−26
イカル　*Eophona personata*−24
イスカ　*Loxia curvirostra*−24
イヌワシ　*Aquila chrysaetos*−50
イワツバメ　*Delichon dasypus*−46

イワヒバリ　*Prunella collaris*−44
イワヒバリ科−28,44

う

水辺
ウ科−30
ウグイス　*Cettia diphone*−19,山16,27
ウズラシギ　*Calidris acuminata*−34
ウトウ　*Cerorhinca monocerata*−26
ウミアイサ　*Mergus serrator*−26
ウミウ　*Phalacrocorax capillatus*−30
ウミガラス　*Uria aalge*−26
ウミスズメ　*Synthliboramphus antiquus*−26
ウミスズメ科−26
ウミネコ　*Larus crassirostris*−14,49

山野
ウグイス科−16,26
ウズラ　*Coturnix japonica*−39,42
ウソ　*Pyrrhula pyrrhula*−24

え

水辺
エトピリカ　*Fratercula cirrhata*−26
エリグロアジサシ　*Sterna sumatrana*−46
エリマキシギ　*Philomachus pugnax*−36

山野
エゾセンニュウ　*Locustella fasciolata*−26
エゾビタキ　*Muscicapa griseisticta*−26
エゾムシクイ
　Phylloscopus borealoides−26
エゾライチョウ　*Tetrastes bonasia*−38
エナガ　*Aegithalos caudatus*−22
エナガ科−22

お

水辺
オオジシギ　*Gallinago hardwickii*−36,山42
オオジュリン　*Emberiza schoeniclus*−18
オオセグロカモメ　*Larus schistisagus*−48
オオセッカ　*Locustella pryeri*−18
オオソリハシシギ　*Limosa lapponica*−38
オオハクチョウ　*Cygnus cygnus*−28
オオハム　*Gavia arctica*−30
オオバン　*Fulica atra*−44
オオミズナギドリ　*Calonectris leucomelas*−48

オオヨシキリ　*Acrocephalus orientalis*ー18
オオヨシゴイ　*Ixobrychus eurhythmus*ー40
オオワシ　*Haliaeetus pelagicus*ー50
オオヨシガモ　*Mareca strepera*ー22
オグロシギ　*Limosa limosa*ー38
オシドリ　*Aix galericulata*ー22
オジロワシ　*Haliaeetus albicilla*ー50
オナガガモ　*Anas acuta*ー22
オバシギ　*Calidris tenuirostris*ー36

山野

オオアカゲラ　*Dendrocopos leucotos*ー34
オオコノハズク　*Otus lempiji*ー44
オオタカ　*Accipiter gentilis*ー48
オオマシコ　*Carpodacus roseus*ー24
オオモズ　*Lanius excubitor*ー30
オオルリ　*Cyanoptila cyanomelana*ー26
オナガ　*Cyanopica cyanus*ー20

か

水辺

カイツブリ　*Tachybaptus ruficollis*ー30
カイツブリ目カイツブリ科ー30
ガチョウー52
カツオドリ目カワウ科ー30
ガビチョウ　*Garrulax canorus*ー52
カモメ　*Larus canus*ー46
カモメ科ー46,48
カモメ類ー14,46,48
カモ目カモ科ー20,22,24,26,28
カリガネ　*Anser erythropus*ー28
カルガモ　*Anas zonorhyncha*ー10,22
カワアイサ　*Mergus merganser*ー26
カワウ　*Phalacrocorax carbo*ー30
カワセミ　*Alcedo atthis*ー16,山42
カワセミ科ー16,山32,42
ガン・ハクチョウ類ー10,28
カンムリウミスズメ
　*Synthliboramphus wumizusume*ー26
カンムリカイツブリ　*Podiceps cristatus*ー30

山野

カケス　*Garrulus glandarius*ー36
カササギ　*Pica pica*ー20
カササギヒタキ科ー26
カシラダカ　*Emberiza rustica*ー22
カッコウ　*Cuculus canorus*ー36
カッコウ目カッコウ科ー36
カヤクグリ　*Prunella rubida*ー28
カラスバト　*Columba janthina*ー36
カラス科ー20,36,42,44

カワガラス　*Cinclus pallasii*ー42
カワガラス科ー42
カワラバト(ドバト)　*Columba livia*ー18
カワラヒワ　*Chloris sinica*ー14,25
カンムリワシ　*Spilornis cheela*ー50

き

水辺

キアシシギ　*Heteroscelus brevipes*ー36
キセキレイ　*Motacilla cinerea*ー16,山42
キョウジョシギ　*Arenaria interpres*ー34
キンクロハジロ　*Aythya fuligula*ー24

山野

キクイタダキ　*Regulus regulus*ー26
キクイタダキ科ー26
キジ　*Phasianus colchicus*ー38
キジバト　*Streptopelia orientalis*ー18,37
キジ目キジ科ー18,38,42,44
キツツキ目キツツキ科ー16,34
キバシリ　*Certhia familiaris*ー22
キバシリ科ー22
キビタキ　*Ficedula narcissina*ー26
キレンジャク　*Bombycilla garrulus*ー30

く

水辺

クイナ　*Rallus aquaticus*ー44
クイナ科ー44
クサシギ　*Tringa ochropus*ー34
クロガモ　*Melanitta americana*ー24
クロサギ　*Egretta sacra*ー42
クロツラヘラサギ　*Platalea minor*ー44
クロハラアジサシ　*Chlidonias hybrida*ー46

山野

クマゲラ　*Dryocopus martius*ー34
クマタカ　*Nisaetus nipalensis*ー50
クロジ　*Emberiza variabilis*ー22
クロツグミ　*Turdus cardis*ー32

け

水辺

ケイマフリ　*Cepphus carbo*ー26
ケリ　*Vanellus cinereus*ー32

山野

ケアシノスリ　*Buteo lagopus*ー50

こ

水辺

コアオアシシギ　*Tringa stagnatilis*ー36

コアジサシ　*Sterna albifrons*ー46
ゴイサギ　*Nycticorax nycticorax*ー40
コウノトリ　*Ciconia boyciana*ー44,52
コウノトリ目コウノトリ科ー44
コオバシギ　*Calidris canutus*ー36
コオリガモ　*Clangula hyemalis*ー24
コガモ　*Anas crecca*ー20
コクガン　*Branta bernicla*ー28
コサギ　*Egretta garzetta*ー13,42
コジュリン　*Emberiza yessoensis*ー18
コチドリ　*Charadrius dubius*ー32
コハクチョウ　*Cygnus columbianus*ー28
コブハクチョウ　*Cygnus olor*ー28
コヨシキリ
　*Acrocephalus bistrigiceps*ー18,山40

山野

コアカゲラ　*Dendrocopos minor*ー34
コイカル　*Eophona migratoria*ー24
コガラ　*Poecile montanus*ー22
コクマルガラス　*Corvus dauuricus*ー42
コゲラ　*Dendrocopos kizuki*ー16,34
コサメビタキ　*Muscicapa dauurica*ー26
コシアカツバメ　*Hirundo daurica*ー46
ゴジュウカラ　*Sitta europaea*ー22
ゴジュウカラ科ー22
コジュケイ　*Bambusicola thoracicus*ー18
コチョウゲンボウ　*Falco columbarius*ー48
コノハズク　*Otus sunia*ー44
コマドリ　*Luscinia akahige*ー28
コミミズク　*Asio flammeus*ー44
コムクドリ　*Agropsar philippensis*ー30
コルリ　*Luscinia cyane*ー28

さ

水辺

サカツラガン　*Anser cygnoides*ー28
サギ科ー40,42,山38
ササゴイ　*Butorides striata*ー40

山野

サイチョウ目ヤツガシラ科 ー32
サシバ　*Butastur indicus*ー50
サンコウチョウ　*Terpsiphone atrocaudata*ー26
サンショウクイ　*Pericrocotus divaricatus*ー30
サンショウクイ科ー30

し

水辺

シギ科ー34,36,38,山38,42

シジュウカラガン　*Branta hutchinsii*ー28
シノリガモ　*Histrionicus histrionicus*ー24
シマアジ　*Anas querquedula*ー20
シマセンニュウ　*Locustella ochotensis*ー18,山40
シロエリオオハム　*Gavia pacifica*ー30
シロカモメ　*Larus hyperboreus*ー48
シロチドリ　*Charadrius alexandrinus*ー32
シロハラクイナ　*Amaurornis phoenicurus*ー44

山野

シジュウカラ　*Parus minor*ー14,23
シジュウカラ科ー14,22
シマアオジ　*Emberiza aureola*ー40
シメ　*Coccothraustes coccothraustes*ー14,25
ジュウイチ　*Hierococcyx hyperythrus*ー36
ショウドウツバメ　*Riparia riparia*ー46
ジョウビタキ　*Phoenicurus auroreus*ー16,29
シラコバト　*Streptopelia decaocto*ー20
シロガシラ　*Pycnonotus sinensis*ー30
シロハラ　*Turdus pallidus*ー18,33

す

水辺

ズグロカモメ　*Larus saundersi*ー62
スズガモ　*Aythya marila*ー24
スズメ目セキレイ科ー16,山16,28,42
スズメ目セッカ科ー18,山40
スズメ目センニュウ科ー18,山26,40
スズメ目ツリスガラ科ー18
スズメ目ヒタキ科ー16,山16,18,26,28,32,40
スズメ目ホオジロ科 ー18,山16,22,40
スズメ目ヨシキリ科ー18,山40

山野

ズアカアオバト　*Treron formosae*ー36
ズグロミゾゴイ　*Gorsachius melanolophus*ー38
スズメ　*Passer montanus*ー14
スズメ科ー14,28
スズメ目ー14

せ

水辺

セイタカシギ　*Himantopus himantopus*ー38
セキレイ科ー16,山16,28,42
セグロカモメ　*Larus vegae*ー48
セグロセキレイ　*Motacilla grandis*ー16,山42
セッカ　*Cisticola juncidis*ー18,山40
セッカ科ー18,山40
センニュウ科ー18,山26,40
潜水ガモ類ー10,24

山野
センダイムシクイ　*Phylloscopus coronatus*−26

そ
水辺
ソウシチョウ　*Leiothrix lutea*−52
ソリハシシギ　*Xenus cinereus*−34

た
水辺
ダイサギ　*Ardea alba*−42
ダイシャクシギ　*Numenius arquata*−38
ダイゼン　*Pluvialis squatarola*−32
タカブシギ　*Tringa glareola*−34
タカ目タカ科−50,山20,48
タゲリ　*Vanellus vanellus*−32
タシギ　*Gallinago gallinago*−36
タヒバリ　*Anthus rubescens*−16
タマシギ　*Rostratula benghalensis*−36
淡水ガモ類−10,20
タンチョウ　*Grus japonensis*−44

ち
水辺
チドリ目ウミスズメ科−26
チドリ目カモメ科−46,48
チドリ目シギ科−34,36,38,山38,42
チドリ目チドリ科−32
チュウサギ　*Ardea intermedia*−42
チュウシャクシギ　*Numenius phaeopus*−38
チュウヒ　*Circus spilonotus*−50
山野
チゴハヤブサ　*Falco subbuteo*−48
チゴモズ　*Lanius tigrinus*−30
チョウゲンボウ　*Falco tinnunculus*−48

つ
水辺
ツクシガモ　*Tadorna tadorna*−22
ツクシガモ類−22
ツバメチドリ　*Glareola maldivarum*−32
ツメナガセキレイ　*Motacilla tschutschensis*−16
ツリスガラ　*Remiz pendulinus*−18
ツリスガラ科−18
ツルシギ　*Tringa erythropus*−38
ツル目クイナ科−44
ツル目ツル科−44

山野
ツグミ　*Turdus naumanni*−18,33
ツツドリ　*Cuculus optatus*−36
ツバメ　*Hirundo rustica*−16,47
ツバメ科−16,46
ツミ　*Accipiter gularis*−48

と
水辺
トウゾクカモメ科−46
トウネン　*Calidris ruficollis*−34
トキ　*Nipponia nippon*−44,52
トキ科−44
トビ　*Milvus migrans*−15,51,山20
トモエガモ　*Anas formosa*−20
山野
ドバト（カワラバト）　*Columba livia*−18
トラツグミ　*Zoothera dauma*−32
トラフズク　*Asio otus*−44

な
水辺
ナベヅル　*Grus monacha*−44

に
山野
ニュウナイスズメ　*Passer rutilans*−28

の
山野
ノグチゲラ　*Sapheopipo noguchii*−62
ノゴマ　*Luscinia calliope*−40
ノジコ　*Emberiza sulphurata*−22
ノスリ　*Buteo buteo*−50
ノビタキ　*Saxicola torquatus*−40

は
水辺
ハイイロガン　*Anser anser*−28
ハイイロチュウヒ　*Circus cyaneus*−50
ハクガン　*Anser caerulescens*−28
ハクセキレイ　*Motacilla alba*−16,山16,43
ハシビロガモ　*Spatula clypeata*−22
ハシボソミズナギドリ　*Puffinus tenuirostris*−48
ハジロカイツブリ　*Podiceps nigricollis*−30
ハジロクロハラアジサシ　*Chlidonias leucopterus*−46
ハッカチョウ　*Acridotheres cristatellus*−52
ハマシギ　*Calidris alpina*−34

ハヤブサ　*Falco peregrinus*ー50,山48
ハヤブサ目ハヤブサ科ー50,山48
バリケンー52
バン　*Gallinula chloropus*ー44

山野
ハイタカ　*Accipiter nisus*ー48
ハギマシコ　*Leucosticte arctoa*ー24
ハシブトガラ　*Poecile palustris*ー22
ハシブトガラス　*Corvus macrorhynchos*ー20
ハシボソガラス　*Corvus corone*ー20
ハチクマ　*Pernis ptilorhynchus*ー50
ハト目ハト科ー18,20,36
ハリオアマツバメ　*Hirundapus caudacutus*ー46

ひ
水辺
ヒクイナ　*Porzana fusca*ー44
ヒシクイ　*Anser fabalis*ー28
ヒタキ科ー16,山16,18,26,28,32,40
ヒドリガモ　*Mareca penelope*ー20
ヒバリシギ　*Calidris subminuta*ー34
ヒメウ　*Phalacrocorax pelagicus*ー30
ビロードキンクロ　*Melanitta fusca*ー24

山野
ヒガラ　*Periparus ater*ー22
ヒバリ　*Alauda arvensis*ー40
ヒバリ科ー40
ヒメアマツバメ　*Apus nipalensis*ー46
ヒヨドリ　*Hypsipetes amaurotis*ー18,31
ヒヨドリ科ー18,30
ヒレンジャク　*Bombycilla japonica*ー30
ビンズイ　*Anthus hodgsoni*ー28

ふ
水辺
ブッポウソウ目カワセミ科ー16,山32,42
山野
フクロウ　*Strix uralensis*ー44
フクロウ目フクロウ科ー44
ブッポウソウ　*Eurystomus orientalis*ー32
ブッポウソウ目ブッポウソウ科ー32

へ
水辺
ベニアジサシ　*Sterna dougallii*ー46
ヘラサギ　*Platalea leucorodia*ー44
ペリカン目サギ科ー40,42,山38
ペリカン目トキ科ー44

山野
ベニヒワ　*Carduelis flammea*ー24
ベニマシコ　*Uragus sibiricus*ー24

ほ
水辺
ホウロクシギ　*Numenius madagascariensis*ー38
ホオジロ　*Emberiza cioides*ー19,山16,23
ホオジロ科ー18,山16,22,40
ホオジロガモ　*Bucephala clangula*ー24
ホシハジロ　*Aythya ferina*ー24
ホンセイインコ　*Psittacula krameri*ー52

山野
ホオアカ　*Emberiza fucata*ー40
ホシガラス　*Nucifraga caryocatactes*ー44
ホトトギス　*Cuculus poliocephalus*ー36

ま
水辺
マガモ　*Anas platyrhynchos*ー22
マガン　*Anser albifrons*ー28
マナヅル　*Grus vipio*ー44

山野
マキノセンニュウ　*Locustella lanceolata*ー40
マヒワ　*Carduelis spinus*ー24
マミジロ　*Zoothera sibirica*ー32
マミチャジナイ　*Turdus obscurus*ー32

み
水辺
ミコアイサ　*Mergellus albellus*ー26
ミサゴ　*Pandion haliaetus*ー50
ミズナギドリ目ミズナギドリ科ー48
ミツユビカモメ　*Rissa tridactyla*ー62
ミミカイツブリ　*Podiceps auritus*ー30
ミヤコドリ　*Haematopus ostralegus*ー38
ミユビシギ　*Calidris alba*ー34

山野
ミゾゴイ　*Gorsachius goisagi*ー38
ミソサザイ　*Troglodytes troglodytes*ー28,43
ミソサザイ科ー28
ミヤマガラス　*Corvus frugilegus*ー42
ミヤマホオジロ　*Emberiza elegans*ー22

む
水辺
ムナグロ　*Pluvialis fulva*ー32
ムネアカタヒバリ　*Anthus cervinus*ー16
ムラサキサギ　*Ardea purpurea*ー42

山野
ムギマキ　*Ficedula mugimaki*ー26
ムクドリ　*Spodiopsar cineraceus*ー18,31
ムクドリ科ー18,30
ムシクイ科ー26,44

め

水辺
メダイチドリ　*Charadrius mongolus*ー32

山野
メグロ　*Apalopteron familiare*ー62
メジロ　*Zosterops japonicus*ー16
メジロ科ー16
メボソムシクイ　*Phylloscopus xanthodryas*ー44

も

山野
モズ　*Lanius bucephalus*ー16,31
モズ科ー16,30

や

山野
ヤイロチョウ　*Pitta nympha*ー30
ヤイロチョウ科ー30
ヤツガシラ　*Upupa epops*ー32
ヤツガシラ科ー32
ヤブサメ　*Urosphena squameiceps*ー26
ヤマガラ　*Poecile varius*ー22
ヤマゲラ　*Picus canus*ー34
ヤマシギ　*Scolopax rusticola*ー38
ヤマセミ　*Megaceryle lugubris*ー42
ヤマドリ　*Syrmaticus soemmerringii*ー38
ヤンバルクイナ　*Gallirallus okinawae*ー62

ゆ

水辺
ユリカモメ　*Chroicocephalus ridibundus*ー14,46

よ

水辺
ヨシガモ　*Anas falcata*ー20
ヨシキリ科ー18,山40
ヨシゴイ　*Ixobrychus sinensis*ー40

山野
ヨタカ　*Caprimulgus indicus*ー44
ヨタカ目ヨタカ科ー44

ら

山野
ライチョウ　*Lagopus muta*ー44

り

水辺
リュウキュウヨシゴイ
　　*Ixobrychus cinnamomeus*ー40

山野
リュウキュウツバメ　*Hirundo tahitica*ー46

る

山野
ルリカケス　*Garrulus lidthi*ー36
ルリビタキ　*Tarsiger cyanurus*ー28

れ

山野
レンジャク科ー30

わ

水辺
ワシカモメ　*Larus glaucescens*ー48

アホウドリ 天 種
L92
48P参照

ミツユビカモメ
L39
46P参照

冬

ズグロカモメ
L33
46P参照

冬

分類表

- 日本で記録されている野鳥644種は、以下の「目」「科」に分類されています(8P)。
- ■『新・山野の鳥 改訂版』に掲載　■『新・水辺の鳥 改訂版』に掲載
- ■両巻ともに掲載　■両巻とも掲載していない

目	科
キジ	キジ
カモ	カモ
カイツブリ	カイツブリ
ネッタイチョウ	ネッタイチョウ
サケイ	サケイ
ハト	ハト
アビ	アビ
ミズナギドリ	アホウドリ、ミズナギドリ、ウミツバメ
コウノトリ	コウノトリ
カツオドリ	グンカンドリ、カツオドリ、ウ
ペリカン	ペリカン、サギ、トキ
ツル	ツル、クイナ
ノガン	ノガン
カッコウ	カッコウ
ヨタカ	ヨタカ
アマツバメ	アマツバメ
チドリ	チドリ、ミヤコドリ、セイタカシギ、シギ、レンカク、タマシギ、ミフウズラ、ツバメチドリ、カモメ、トウゾクカモメ、ウミスズメ
タカ	ミサゴ、タカ
フクロウ	メンフクロウ、フクロウ
サイチョウ	ヤツガシラ
ブッポウソウ	カワセミ、ハチクイ、ブッポウソウ
キツツキ	キツツキ
ハヤブサ	ハヤブサ
スズメ	ヤイロチョウ、モリツバメ、サンショウクイ、コウライウグイス、オウチュウ、カササギヒタキ、モズ、カラス、キクイタダキ、ツリスガラ、シジュウカラ、ヒゲガラ、ヒバリ、ツバメ、ヒヨドリ、ウグイス、エナガ、ムシクイ、ズグロムシクイ、メジロ、センニュウ、ヨシキリ、セッカ、レンジャク、ゴジュウカラ、キバシリ、ミソサザイ、ムクドリ、カワガラス、ヒタキ、イワヒバリ、スズメ、セキレイ、アトリ、ツメナガホオジロ、アメリカムシクイ、ホオジロ

本書の分類や学名は、『日本鳥類目録 改訂第8版』(2024年、日本鳥学会)に準拠しています(8P)。

探鳥会にいってみましょう

日本野鳥の会の全国の連携団体（支部など）では、週末を中心に、探鳥会（バードウォッチングを楽しむ行事）を開催しています。探鳥会では、野鳥に詳しい案内役が解説しますので、はじめての方も気軽にバードウォッチングを楽しむことができます。くわしくは、下記ホームページ、または、このページ下部のお問合わせ先まで。
●日本野鳥の会ホームページ　探鳥会情報
https://www.wbsj.org/about-us/group/tanchokai/

| 日本野鳥の会　探鳥会 | 検索 |

日本野鳥の会について

　野鳥をシンボルに生き物たちのくらしや環境を守る自然保護団体です。絶滅の恐れのある野鳥の生息地を守ったり、イベントや出版物などで自然の大切さを伝えたりしています。

　当会の活動は、会費やご寄付、販売事業の収益などによって支えられています。この本の販売収益は、日本野鳥の会の自然保護活動に有効に活用させていただきます。

●活動の一例

タンチョウの保護活動
昭和初期はわずか数十羽でしたが、保護のために冬に餌を与える活動などが実り、近年では1,000羽を越すまでに。現在は、彼らのくらす湿地を守ったり、人が与える餌に頼らなくても自然のなかで餌が採れる場所を整備したりしています。

タンチョウ

シマフクロウの保護活動
北海道東部にわずか百数十羽がくらすのみの世界最大級のフクロウ。この鳥の生息地を買い取って保護区にし、彼らがくらせるような森づくりをしています。

シマフクロウ

●探鳥会や日本野鳥の会についてのお問い合わせ
日本野鳥の会　普及室
メールfukyu@wbsj.org／ホームページhttps://www.wbsj.org/